剪映短视频剪辑

从入门到精通（手机版+电脑版）

海川◎编著

化学工业出版社

·北京·

内容简介

83个短视频平台热门剪辑作品，助你轻松成为手机短视频剪辑高手；235分钟手机教学视频，扫描二维码即可查看后期制作全部过程；随书赠送所有案例的素材和效果文件。

12大专题内容，从短视频的剪辑技巧、同款模板、热门调色、视频特效、抠图技巧、字幕效果、配音技巧、卡点效果电脑版剪映的基础操作，以及《风光延时》视频剪辑、《阿甘正传》电影解说和《七十大寿》电脑版剪映剪辑的综合案例等角度，帮助大家快速上手剪映App，剪辑爆款短视频。

100个纯高手干货技巧，从认识剪映界面到剪映功能的使用方法，从短视频基础剪辑到剪映创意剪辑，一本书教你玩转剪映短视频，解决剪映后期剪辑的核心问题，实现从小白到达人的转变，及时收获短视频的流量红利。

本书适合喜欢拍摄与剪辑短视频的人，特别是想使用手机快速进行剪辑、制作爆款短视频效果的人，同时也可以作为视频剪辑相关专业的教材。

图书在版编目（CIP）数据

剪映短视频剪辑从入门到精通：手机版+电脑版 / 海川编著. — 北京：化学工业出版社，2024.7

ISBN 978-7-122-45451-5

Ⅰ. ①剪… Ⅱ. ①海… Ⅲ. ①视频编辑软件 Ⅳ. ①TP317.53

中国国家版本馆CIP数据核字（2024）第075101号

责任编辑：李 辰 孙 炜　　封面设计：异一设计

责任校对：刘 一　　装帧设计：盟诺文化

出版发行：化学工业出版社（北京市东城区青年湖南街13号　邮政编码100011）

印　　装：北京瑞禾彩色印刷有限公司

710mm×1000mm　1/16　印张16¼　字数338千字　2024年7月北京第1版第1次印刷

购书咨询：010-64518888　　售后服务：010-64518899

网　　址：http://www.cip.com.cn

凡购买本书，如有缺损质量问题，本社销售中心负责调换。

定　　价：99.00元

前　言

目前，抖音的日活跃用户已超过7亿，而剪映作为抖音官方的标配剪辑软件，为抖音用户广而用之，它的功能越来越强大，操作也越来越简捷。

如今，市场上的短视频剪辑书籍已经非常多了，本书主要以抖音官方出品的剪映为例，同时收集了大量的爆款短视频作品，结合这些实战案例来策划和编写这本书，希望能够真正帮助大家提升自己的视频剪辑技能。

本书特色如下：

（1）功能升级，完善讲解：剪映一直在不断升级，同时功能也在不断新增与完善，例如剪同款、一键成片、图文成片、抖音玩法，以及智能美体等功能，针对这些新增的功能，本书进行了详细讲解。

（2）全新案例，实用性更强：现在是“视频时代”，各大平台上的视频内容层出不穷，人们对视频后期剪辑的需求也越来越大，因此本书不仅在软件上进行了升级，在案例上更是进行了“升级”，比原来的案例实用性更强，还新增了同款模板、抠图技巧、卡点效果及电影解说等案例。

（3）效果精美，视听享受：剪映只是用来剪辑视频的工具，要创作出一个好的作品，一定要有美的意识。本书案例效果精美，扫描二维码即可查看，并且每个效果都匹配了好听的背景音乐，给读者带来更好的“视听”体验感。

本书结构清晰、内容丰富，进行了以下安排。

（1）剪辑技巧：剪映的操作界面非常简洁，但功能强大，几乎能帮助用户完成短视频的所有剪辑需求。本章主要介绍手机版剪映的操作界面和一些功能的使用方法。

（2）同款模板：剪映的“剪同款”功能非常实用，可以让用户直接套用模板，制作爆款视频，这是本书的重要内容之一。

（3）热门调色：短视频的色调也是影响其观感的一个重要因素。本章主要介绍了10种热门的色调风格，其中包括4种电影色调，给大家提供更多短视频主题适合的色调，实现完美的色调视觉效果，使短视频效果更加高级。

（4）视频特效：本章主要介绍12种特效的制作方法。这些特效既漂亮又有创意，是从大量爆款短视频中精挑细选出来的，以作为讲解案例使用。

（5）抠图技巧：本章主要介绍8个抠图案例的制作方法，包括抠图转场、抠人换景、天空之镜、恐龙特效及裸眼3D等内容，帮助大家打造炫酷的合成视频。

（6）字幕效果：本章主要介绍13个字幕效果案例，字幕对短视频而言非常重要，它能够让观众更快地了解短视频内容，有助于观众记得所要表达的信息，有特色的字幕更能让人眼前一亮。

（7）配音技巧：剪映提供了多种添加音乐或语音的方式，本章用8个案例详细介绍了每一种方式的操作方法，并且还讲解了添加音频后如何制作卡点短视频。

（8）卡点效果：卡点视频是很多视频平台上都比较热门的一种视频类型，制作卡点视频最重要的就是对音乐节奏的把控。

（9）《风光延时》：本章是一个综合案例，与前面不同的是，该案例综合了前面很多小案例中讲解的多种功能，所以介绍得更加详细，该案例适合用作旅行短视频，节奏舒缓，可以很好地展示旅途中拍摄的风光。

（10）《阿甘正传》：该案例是一条电影解说视频的制作，快节奏的生活方式，促进了电影解说行业的兴起，使得观众可以在几分钟或者十几分钟内看完一部两个小时以上的电影。学完本章内容，你也可以自己制作电影解说视频。

（11）电脑版剪映的基础操作：本章内容包括素材的导出、缩放变速、定格倒放、旋转裁剪、视频防抖、视频比例调整及人物美颜等关键技巧，掌握这些基础技能,用户能更高效地进行视频编辑，为创作出专业品质的作品打下坚实的基础。

（12）《七十大寿》：本章将通过一个具体实操的剪辑流程案例——《七十大寿》，来展示电脑版剪映软件的强大功能和便捷性。该案例将指导用户如何利用软件的专业界面和丰富的素材库，轻松制作出具有艺术感的视频作品。

特别提示：本书在编写时，是基于当前剪映截取的实际操作图片，但书从编辑到出版需要一段时间，在这段时间里，软件界面与功能会有调整与变化，比如有些功能被删除了，或者增加了一些新功能等，这些都是软件开发商做的软件更新。若图书出版后相关软件有更新，请以更新后的实际情况为准，根据书中的提示，举一反三进行操作即可。

编著者

目录

第 1 章　12 种剪辑技巧：随心所欲剪出片段

本章要点：

剪映 App 是抖音推出的一款视频剪辑软件，随着潮流的更迭，剪映 App 也在不断更新与完善，功能也越来越强大，支持分割、变速、定格、倒放、裁剪、镜像、替换及美颜美体等专业的剪辑功能，还有丰富的曲库、特效、转场及视频素材等资源。本章将从认识剪映开始介绍手机版剪映的具体使用方法。

001 认识剪映，快速了解界面要点

扫码看教学视频

剪映App是一款功能非常全面的手机剪辑软件，能够让用户在手机上轻松完成短视频剪辑。

在手机屏幕上点击“剪映”图标，打开剪映App，如图1-1所示。进入“剪映”主界面，点击“开始创作”按钮，如图1-2所示。

进入“照片视频”界面，❶在其中选择相应的视频或照片素材；❷选中“高清”复选框，如图1-3所示。

点击“添加”按钮，即可成功导入相应的照片或视频素材，并进入编辑界面，其界面组成如图1-4所示。

图 1-1　点击“剪映”图标

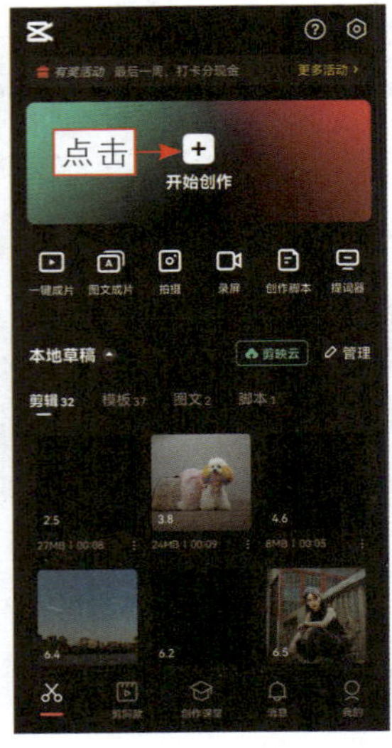

图 1-2　点击“开始创作”按钮

图 1-3　选择相应的视频或照片素材

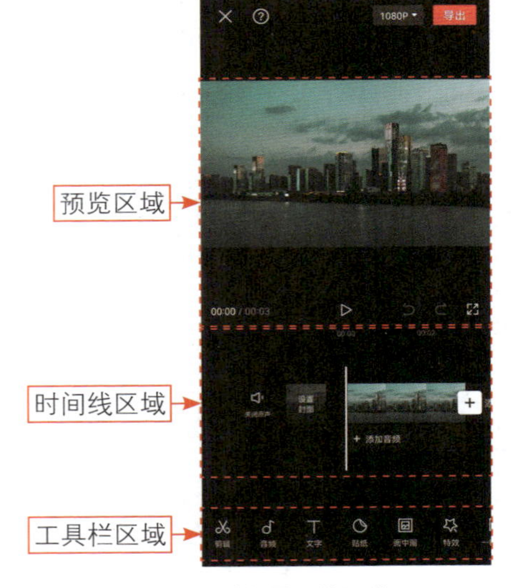

图 1-4　编辑界面的组成

用户在进行视频编辑操作后，点击预览区域右下角的撤回按钮，即可撤销上一步操作。点击恢复按钮，即可恢复上一步操作。在预览区域左下角显示的

时间，表示当前时长和视频的总时长。点击预览区域右下角的⛶按钮，可全屏预览视频效果，如图1-5所示。点击▷按钮，即可播放视频，如图1-6所示。

图 1-5　全屏预览视频效果

图 1-6　播放视频

在时间线区域，点击轨道右侧的[+]按钮，可以在时间线区域的视频轨道上添加一个新的视频素材。除了以上导入素材的方法，用户还可以在“素材库”界面中，选用合适的素材。剪映素材库内置了丰富的素材，进入“素材库”界面后，可以看到热门、转场片段、搞笑片段、故障动画、空镜头、片头、片尾、绿幕素材及节日氛围等素材，如图1-7所示。

图 1-7　“素材库”界面

002 缩放轨道，精细剪辑每段轨道

在时间线区域中，有一根白色的垂直线条，叫作时间轴，上面为时间刻度，我们可以左右滑动视频，查看导入的视频或效果。在时间线区域可以看到视频轨道和音频轨道，除此之外，我们还可以增加字幕轨道，如图1-8所示。

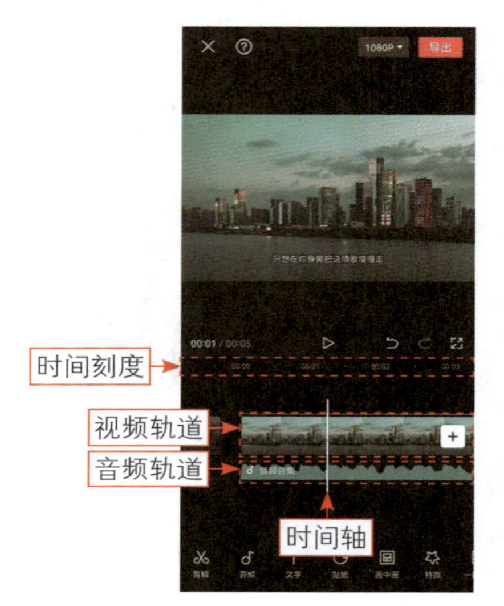

图 1-8　时间线区域

用双指在视频轨道上捏合，可以缩小时间线；反之，将双指在视频轨道上滑开，即可放大时间线，如图1-9所示。

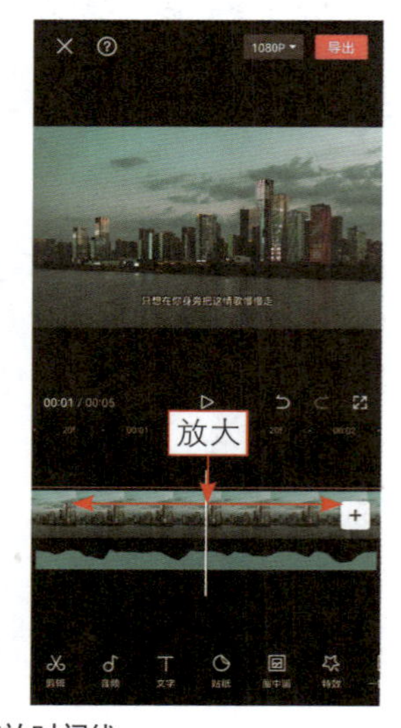

图 1-9　缩放时间线

003　关闭片尾，禁止剪映自动添加

扫码看教学视频

在剪映 App 的默认设置中，有一个“自动添加片尾”功能，只要开启该功能，用户每次创建一个新的剪辑草稿文件时，都会在素材的结束位置添加软件自带的默认片尾，效果如图 1-10 所示。

在视频轨道中，❶选择片尾；❷在工具栏中点击“删除”按钮，如图1-11所示。执行操作后，即可将自动添加的默认片尾删除。点击“添加片尾”按钮，如图1-12所示，即可再次添加默认的片尾。

返回主界面，点击右上角的设置按钮，如图1-13所示。

进入相应的界面，❶点击“自动添加片尾”开关；❷弹出提示对话框，选择“移除片尾”选项，如图 1-14 所示，即可将“自动添加片尾”功能关闭，禁止剪映自动添加默认片尾。

图 1-10　自动添加的片尾效果

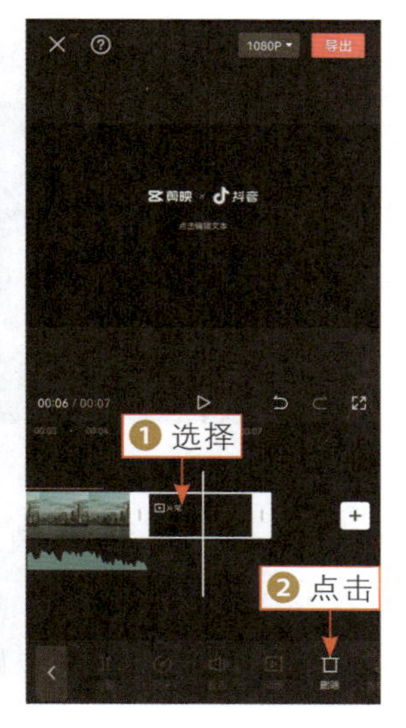

图 1-11　点击“删除”按钮

图 1-12　点击“添加片尾”按钮

图 1-13　点击设置按钮

图 1-14　选择“移除片尾”选项

004　剪辑工具，功能实用操作简单

扫码看案例效果

扫码看教学视频

【效果展示】：在剪映中导入素材之后就可以进行基本的剪辑操作了。当导入的素材时长太长时，可以对素材进行分割操作，将多余的视频片段删除，只留下需要的片段，突出原始视频素材中的重点画面。除此之外，还可以通过旋转、镜像及裁剪等编辑功能，对素材进行相应的处理。剪辑素材之后的效果如图1-15所示。

图 1-15　剪辑素材之后的效果展示

下面介绍使用剪映App剪辑视频素材的具体操作方法。

步骤 01 在剪映App中导入一段视频素材，如图1-16所示。

步骤 02 ❶拖曳时间轴至00:07的位置；❷点击“剪辑”按钮，如图1-17所示。

图 1-16　导入视频素材

图 1-17　点击“剪辑”按钮

步骤 03 进入二级工具栏，点击“分割”按钮，如图1-18所示。

步骤 04 执行操作后，即可将视频分割为两段，❶ 选择分割的后半段素材；❷ 点击工具栏中的“删除”按钮，如图 1-19 所示。执行操作后，即可删除所选片段。

图 1-18　点击“分割”按钮

图 1-19　点击“删除”按钮

步骤 05 ❶选择素材片段；❷点击“编辑”按钮，如图1-20所示。

步骤 06 打开编辑工具栏，其中显示了“旋转”按钮（点击“旋转”按钮可以90° 旋转画面）、“镜像”按钮及“裁剪”按钮，如图1-21所示。

图 1-20　点击“编辑”按钮

图 1-21　打开编辑工具栏

步骤 07 点击“镜像”按钮，将画面镜像翻转，如图1-22所示。

步骤 08 点击“裁剪”按钮，进入“裁剪”界面，在其中可以选择需要的比例进行裁剪，例如选择16：9选项，在上方的预览区中，即可通过拖曳控制柄的方式裁剪画面，如图1-23所示。

图 1-22　点击“镜像”按钮

图 1-23　选择 16：9 选项

005　画布比例，调整尺寸更换背景

扫码看案例效果

扫码看教学视频

【效果展示】：在剪映App中，用户可以根据自己的需求，设置视频画布比例，还可以为视频设置画面背景，让黑色背景变成彩色背景，如图1-24所示。

图 1-24　设置画布比例并更换背景效果展示

下面介绍在剪映App中设置比例和更换背景的操作方法。

步骤 01 ❶在剪映App中导入相应的素材；❷点击“比例”按钮，如图1-25所示。

步骤 02 在比例工具栏中，选择 9 : 16 选项，如图 1-26 所示，将横屏改为竖屏。

步骤 03 返回上一级工具栏，点击“背景”按钮，在二级工具栏中，点击“画布样式”按钮，如图1-27所示。

步骤 04 在“画布样式”面板中，选择一个样式，如图1-28所示，更换背景。

图 1-25　点击“比例”按钮

图 1-26　选择 9：16 选项

图 1-27　点击“画布样式”按钮

图 1-28　选择一个样式

006　替换素材，快速换成合适的素材

【效果展示】：利用“替换素材”功能能够快速替换掉视频轨道中不合适的视频素材。替换素材前后效果如图 1-29 所示。

扫码看案例效果

扫码看教学视频

图 1-29　替换素材前后效果展示

下面介绍使用剪映App替换视频素材的具体操作方法。

步骤 01 在剪映App中导入两段视频素材，如图1-30所示。

步骤 02 如果用户发现更适合的素材，❶可以选择需要替换的素材；❷点击“替换”按钮，如图1-31所示。

图 1-30　导入视频素材

图 1-31　点击“替换”按钮

步骤 03 进入“照片视频”界面，选择需要替换的素材，如图1-32所示。

步骤 04 执行操作后，即可替换素材，如图1-33所示。

图 1-32　选择需要替换的素材

图 1-33　替换素材

007　变速功能，制作蒙太奇变速效果

【效果展示】：利用“变速”功能能够改变视频的播放速度，让画面更有动感。可以看到播放速度随着背景音乐的变化，一会儿快一会儿慢，效果如图1-34所示。

扫码看案例效果

扫码看教学视频

图 1-34　蒙太奇变速效果展示

下面介绍在剪映App中对素材进行变速处理的操作方法。

步骤 01 在剪映App中导入一段视频素材，❶选择素材；❷在工具栏中点击“变速”按钮，如图1-35所示。

步骤 02 打开变速工具栏，点击“曲线变速”按钮，如图1-36所示。

图 1-35　点击“变速”按钮

图 1-36　点击“曲线变速”按钮

步骤 03 在“曲线变速”面板中，选择“蒙太奇”选项，如图1-37所示。

步骤 04 点击“点击编辑”按钮，在“蒙太奇”面板中，根据需要调整各个变速点的位置，如图1-38所示。调速完成后，为视频添加一段合适的背景音乐。

图 1-37　选择“蒙太奇”选项

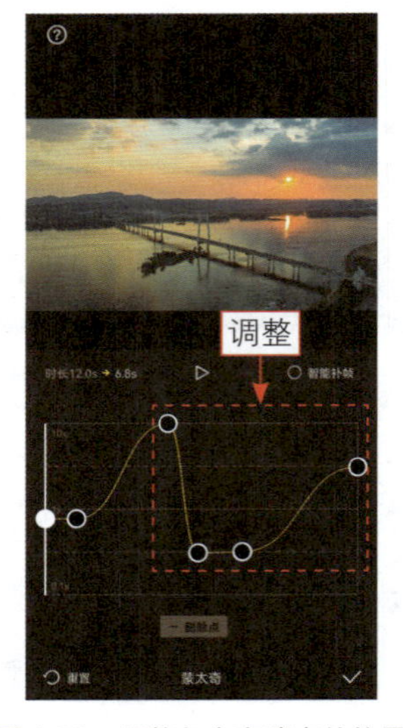

图 1-38　调整各个变速点的位置

008　倒放定格，实现时光倒流效果

扫码看案例效果

扫码看教学视频

【效果展示】：在剪映App中，使用“复制”功能可以复制素材，使用“倒放”功能和“定格”功能，可以倒放素材，呈现时光倒流的效果，如图1-39所示。

图 1-39　时光倒流效果展示

下面介绍在剪映App中制作时光倒流效果的操作方法。

步骤 01 在剪映App中导入一段视频素材，❶选择素材；❷在工具栏中点击“复制”按钮，如图1-40所示。

步骤 02 执行操作后，❶即可复制一段视频素材；❷选择第1段素材；❸点击“倒放”按钮，倒放素材；❹点击“定格”按钮，如图1-41所示。

步骤 03 执行操作后，即可生成定格片段，调整定格片段的时长为0.7s，如图 1-42 所示。

步骤 04 执行操作后，为视

图 1-40　点击“复制”按钮

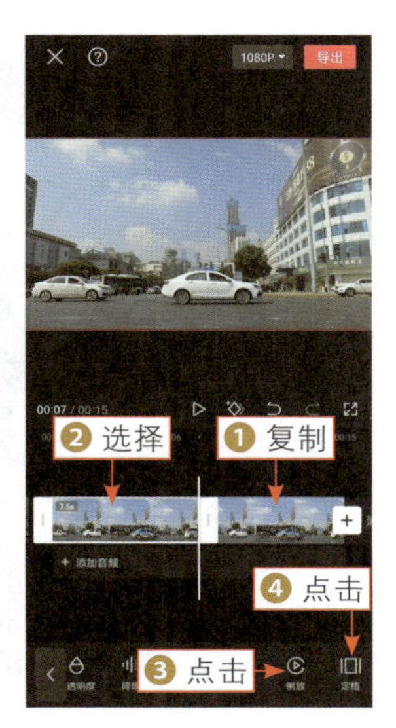

图 1-41　点击“定格”按钮

频添加背景音效和音乐（具体操作请参考本书第7章的内容，或者查看案例教程视频），效果如图1-43所示。

图 1-42　调整定格片段的时长

图 1-43　添加背景音效和音乐

009　美颜美体，为人物打造精致容颜

扫码看案例效果

扫码看教学视频

【效果展示】：利用“美颜美体”功能可以对视频中的人物进行磨皮、美白、瘦脸及瘦身等处理，效果如图1-44所示。

图 1-44　美颜美体效果展示

下面介绍在剪映App中对人像素材进行美颜美体的操作方法。

步骤 01 在剪映App中导入一段人像视频素材，❶拖曳时间轴至1.5s左右的位置；❷选择视频素材；❸点击“分割”按钮，如图1-45所示。

步骤 02 ❶选择分割的后半段视频；❷点击“美颜美体”按钮，如图1-46所示。

步骤 03 打开美颜美体工具栏，点击“智能美颜”按钮，如图1-47所示。

步骤 04 进入“智能美颜”面板，❶选择“磨皮”选项；❷设置“磨皮”参数为25，如图 1-48 所示。

图 1-45　点击“分割”按钮

图 1-46　点击“美颜美体”按钮

图 1-47　点击“智能美颜”按钮

图 1-48　设置“磨皮”参数

步骤 05 用与上面相同的方法，设置“瘦脸”参数为50、“大眼”参数为100、“瘦鼻”参数为50、“美白”参数为50，效果如图1-49所示。

图 1-49　设置其他参数

步骤 06 点击✓按钮返回上一级工具栏，点击“智能美体”按钮，在“智能美体”面板中，设置“瘦身”参数为50、“小头”参数为25，效果如图1-50所示。

图 1-50　设置“瘦身”和“小头”参数

010　添加特效，丰富画面渲染氛围

扫码看案例效果

扫码看教学视频

【效果展示】：在剪映App中，添加氛围特效能够丰富短视频的画面，渲染视频气氛，添加特效前后对比效果如图1-51所示。

图 1-51　添加特效前后对比展示

下面介绍在剪映App中为视频添加氛围特效的操作方法。

步骤 01 ❶在剪映App中导入一段视频素材；❷拖曳时间轴至合适的位置；❸点击“特效”按钮，如图1-52所示。

步骤 02 打开特效工具栏，点击“画面特效”按钮，如图1-53所示。

图 1-52　点击“特效”按钮

图 1-53　点击“画面特效”按钮

步骤 03 进入特效库，❶切换至“氛围”选项卡；❷选择“春日樱花”特效，如图1-54所示。

步骤 04 点击✓按钮，即可添加“春日樱花”特效，如图1-55所示。

图 1-54　选择“春日樱花”特效

图 1-55　添加“春日樱花”特效

011　设置封面，自定义满意的封面

扫码看案例效果

扫码看教学视频

【效果展示】：在剪映App中，视频封面一般默认为第1帧画面，如果用户对此画面不满意，可以自定义设置封面。封面设置前后效果对比如图1-56所示。

图 1-56　封面设置前后对比展示

下面介绍在剪映App中为视频设置封面的操作方法。

步骤 01 ❶在剪映App中导入一段视频素材；❷在视频轨道的左侧点击“设置封面”按钮，如图1-57所示。

步骤 02 进入相应的界面，在“视频帧”选项卡中，❶拖曳时间轴至相应的位置；❷点击“保存”按钮，如图1-58所示，即可完成封面设置。

图 1-57　点击“设置封面”按钮

图 1-58　点击“保存”按钮

012　抖音玩法，让人物秒变漫画效果

扫码看案例效果

扫码看教学视频

【效果展示】：在“抖音玩法”功能面板中，有美漫、魔法变身、萌漫、剪纸、港漫及日漫等6种玩法，可以让人物秒变漫画效果，如图1-59所示。

图 1-59　人物秒变漫画效果展示

下面介绍在剪映App中将人物秒变漫画效果的操作方法。

步骤 01 ❶在剪映App中导入一张照片素材；❷拖曳时间轴至视频末尾；

❸点击[+]按钮，如图1-60所示。

步骤 02 ❶再次导入一张相同的照片素材；❷在二级工具栏中点击“抖音玩法”按钮，如图1-61所示。

图 1-60　点击相应按钮（1）

图 1-61 点击“抖音玩法”按钮

步骤 03 进入“抖音玩法”面板，选择“日漫”选项，如图1-62所示。

步骤 04 生成漫画效果后，点击两张照片中间的转场按钮[|]，如图1-63所示。

图 1-62　选择“日漫”选项

图 1-63　点击相应按钮（2）

步骤 05 进入“转场”面板，❶切换至“幻灯片”选项卡；❷选择“回忆”

转场；❸拖曳滑块，调整转场时长为1.0s，如图1-64所示。

步骤 06 点击✓按钮返回，❶拖曳时间轴至起始位置；❷依次点击“特效”按钮和“画面特效”按钮，如图1-65所示。

图 1-64　调整转场时长

图 1-65　点击“画面特效”按钮

步骤 07 在“基础”选项卡中，选择“变清晰”特效，如图1-66所示。

步骤 08 点击✓按钮添加特效，❶调整“变清晰”特效的持续时长；❷拖曳时间轴至转场的结束位置；❸添加“金粉”选项卡中的“金粉”特效并调整特效时长，如图1-67所示。执行操作后，添加一段合适的背景音乐。

图 1-66　选择“变清晰”特效

图 1-67　添加“金粉”特效并调整时长

第 2 章　8 个同款模板：直接套用打造爆款

本章要点：

在剪映 App 中不仅可以剪辑视频，还有很多爆款模板可选，让用户一键制作同款视频。当然，还能编辑草稿，导出视频之后也能进行再加工，从而达到用户想要的效果，而且整体操作非常简单，对新人来说也非常方便，是大家省时省力的不二选择。本章主要介绍 8 个爆款同款模板，让用户把相册里的素材玩出新花样。

013　一键成片，功能实用操作简单

扫码看案例效果

扫码看教学视频

【效果展示】：在剪映App首页中有个“一键成片”功能，运用这个功能可以快速制作出一条成品视频，而且模板风格多样，选择多多，效果如图2-1所示。

图 2-1　一键成片效果展示

下面介绍在剪映App中使用“一键成片”功能的操作方法。

步骤 01 在剪映App首页，点击“一键成片”按钮，如图2-2所示。

步骤 02 在“照片视频”界面中，❶切换至“视频”选项卡；❷选择一条视频；❸点击“下一步”按钮，如图2-3所示。

图 2-2　点击“一键成片”按钮

图 2-3　点击“下一步”按钮

步骤 03 ❶在界面中选择一个模板；❷点击“导出”按钮，如图2-4所示。

步骤 04 在“导出设置”面板中，点击“无水印保存并分享”按钮，如图2-5所示，导出无水印视频。

图 2-4　点击“导出”按钮

图 2-5　点击“无水印保存并分享”按钮

014　图文成片，输入文字生成视频

扫码看案例效果

扫码看教学视频

【效果展示】：剪映中的“图文成片”功能非常强大，用户只需输入文案，剪映就会自动匹配上图片、文字、背景音乐和解说音频等内容，效果如图2-6所示。

图 2-6　图文成片效果展示

下面介绍在剪映App中使用“图文成片”功能的操作方法。

步骤 01 在剪映App首页，点击“图文成片”按钮，如图2-7所示。

步骤 02 在“图文成片”界面中，选择“自定义输入”选项，如图2-8所示。

图 2-7　点击“图文成片”按钮

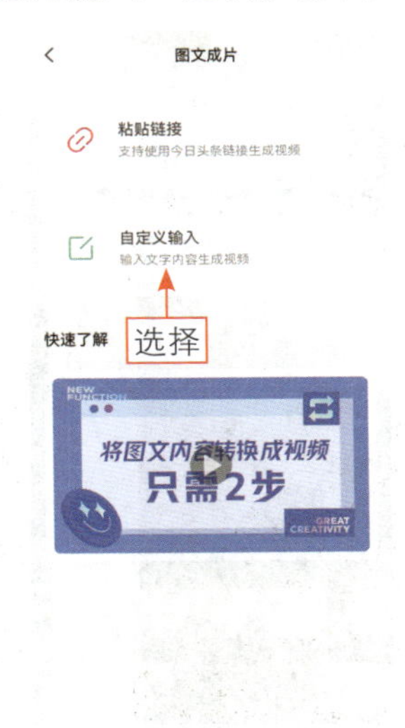

图 2-8　选择“自定义输入”选项

步骤 03 ❶在“编辑内容”界面中输入标题和正文内容；❷点击“生成视频”按钮，如图2-9所示。

步骤 04 生成视频之后，预览画面，点击“导入剪辑”按钮，如图2-10所示。

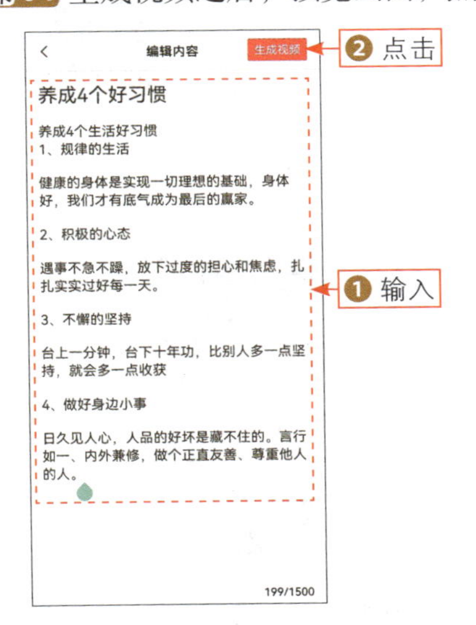

图 2-9　点击“生成视频”按钮

图 2-10　点击“导入剪辑”按钮

步骤 05 进入剪辑界面，点击“文字”按钮，如图2-11所示。

步骤 06 ❶选择第1段文本；❷点击“编辑”按钮，如图2-12所示。

步骤 07 在“样式”选项卡中，❶选择一个预设样式；❷设置“字号”参数为10；❸调整文本的位置，如图2-13所示。执行操作后，对其他4段主题文本进行同样的设置。

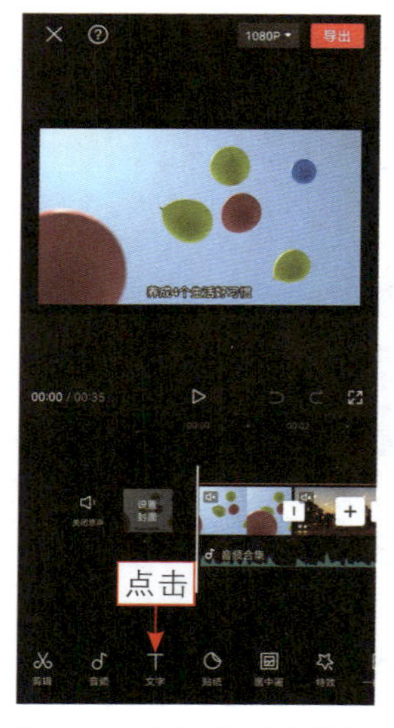

图 2-11　点击“文字”按钮

图 2-12　点击“编辑”按钮

图 2-13　设置“字号”参数

015　立体相框，写真照片相册记录

扫码看案例效果　扫码看教学视频

【效果展示】：写真照片非常适合添加立体相框特效，相框的边缘具有立体感，背景画面还有一些文字和贴纸，非常可爱，效果如图2-14所示。

图 2-14　立体相框效果展示

下面介绍在剪映App中为照片添加立体相框特效的操作方法。

步骤 01 在剪映的“喜欢”选项卡中，选择一款收藏的模板，如图 2-15 所示。

步骤 02 进入相应的界面，点击“剪同款”按钮，如图 2-16 所示。

图 2-15　选择一款模板

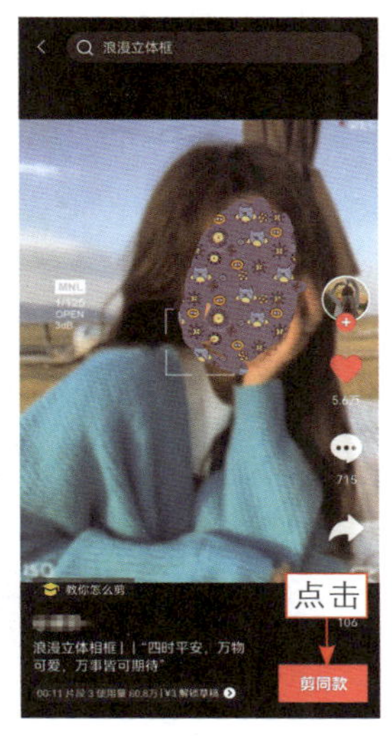

图 2-16　点击“剪同款”按钮

步骤 03 ❶ 选择两张写真照片；❷ 点击“下一步”按钮，如图 2-17 所示。

步骤 04 预览画面确定效果之后，点击“导出”按钮，如图 2-18 所示。

步骤 05 在“导出设置”面板中，点击“无水印保存并分享”按钮，如图 2-19 所示，导出视频。

图 2-17　点击“下一步”按钮

图 2-18　点击“导出”按钮

图 2-19　点击“无水印保存并分享”按钮

016　照片投影，定格时光梦幻唯美

扫码看案例效果

扫码看教学视频

【效果展示】：照片投影效果能将两张照片合成在一起，画面十分梦幻和唯美，非常适合用在画面背景干净的照片中，效果如图2-20所示。

图 2-20　照片投影效果展示

下面介绍在剪映App中制作照片投影特效的操作方法。

步骤 01 ❶切换至“剪同款”界面；❷点击模板搜索框，如图2-21所示。

步骤 02 ❶在搜索框中输入“照片投影”；❷在下方的“模板”选项卡中选择一个模板，如图2-22所示。

图 2-21　点击模板搜索框

图 2-22　选择一个模板

步骤 03 进入相应的界面，点击“剪同款”按钮，如图2-23所示。

步骤 04 在“照片视频”界面的“照片”选项卡中，❶选择两张人像照片；❷点击“下一步”按钮，如图2-24所示。

图 2-23　点击“剪同款”按钮

图 2-24　点击“下一步”按钮

步骤 05 预览画面确定效果之后，点击“导出”按钮，如图2-25所示。

步骤 06 在“导出设置”面板中，点击“无水印保存并分享”按钮，如图 2-26所示，导出视频。

图 2-25　点击“导出”按钮

图 2-26　点击相应的按钮

017 双屏漫画，消息弹窗屏保效果

扫码看案例效果

扫码看教学视频

【效果展示】：双屏漫画特效非常适合制作消息弹窗屏保效果，人像照片和荧光线描效果上下叠合的瞬间变成漫画人物，随即屏幕分为上下双屏，上面为漫画风格的人像，下面为真实的人像照片，中间弹出微信消息弹窗，效果如图2-27所示。

图 2-27　双屏漫画消息弹窗效果展示

下面介绍在剪映App中制作双屏漫画消息弹窗的操作方法。

步骤 01 在剪映的“我的”|“喜欢”选项卡中，选择一款收藏的“双屏漫画消息弹窗”模板，如图2-28所示。

步骤 02 进入相应的界面，点击“剪同款”按钮，如图2-29所示。

图 2-28　选择一款模板

图 2-29　点击“剪同款”按钮

步骤 03 ❶选择一张照片；❷点击“下一步”按钮，如图2-30所示。

步骤 04 预览画面确定效果之后，点击“导出”按钮，如图2-31所示。

步骤 05 在“导出设置”面板中，点击“无水印保存并分享”按钮，如图 2-32 所示，导出视频。

图 2-30　点击“下一步”按钮

图 2-31　点击“导出”按钮

图 2-32　点击相应的按钮

018　萌娃日常，记录人间小可爱

扫码看案例效果

扫码看教学视频

【效果展示】：在剪映App中可以使用同款模板，将小朋友的照片制作成动态相册，记录下小朋友每个可爱的瞬间，效果如图2-33所示。

图 2-33　萌娃日常相册效果展示

下面介绍在剪映App中制作萌娃日常相册的操作方法。

步骤 01 在剪映的“我的”|“喜欢”选项卡中，选择一款收藏的“记录萌娃日常”模板，如图2-34所示。

步骤 02 进入相应的界面，点击“剪同款”按钮，如图2-35所示。

图 2-34　选择一款模板

图 2-35　点击“剪同款”按钮

步骤 03 ①选择8张儿童照片；②点击“下一步”按钮，如图2-36所示。

步骤 04 预览画面确定效果之后，点击“导出”按钮，如图2-37所示。

步骤 05 在“导出设置”面板中，点击“无水印保存并分享”按钮，如图2-38所示，导出视频。

图 2-36　点击“下一步”按钮

图 2-37　点击“导出”按钮

图 2-38　点击相应的按钮

019　可爱萌宠，今日份逗猫视频

扫码看案例效果

扫码看教学视频

【效果展示】：很多人都喜欢拍摄自己家的萌宠，并做成萌宠视频分享到各个视频平台上，就像本例视频中的小猫一样，看着它抓不到逗猫棒的样子，又可爱又好笑，效果如图2-39所示。

图 2-39　萌宠视频效果展示

下面介绍在剪映App中制作萌宠视频的操作方法。

步骤 01 在“剪同款”界面中，❶切换至“萌宠”选项卡；❷选择一款喜欢的模板，如图2-40所示。

步骤 02 进入相应的界面，点击“剪同款”按钮，如图2-41所示。

图 2-40　选择一款模板

图 2-41　点击“剪同款”按钮

步骤 03 ❶选择一条宠物视频；❷点击“下一步”按钮，如图2-42所示。

步骤 04 预览画面确定效果之后，点击“导出”按钮，如图2-43所示。

步骤 05 在“导出设置”面板中，点击“无水印保存并分享”按钮，如图2-44所示，导出视频。

图 2-42　点击“下一步”按钮

图 2-43　点击“导出”按钮

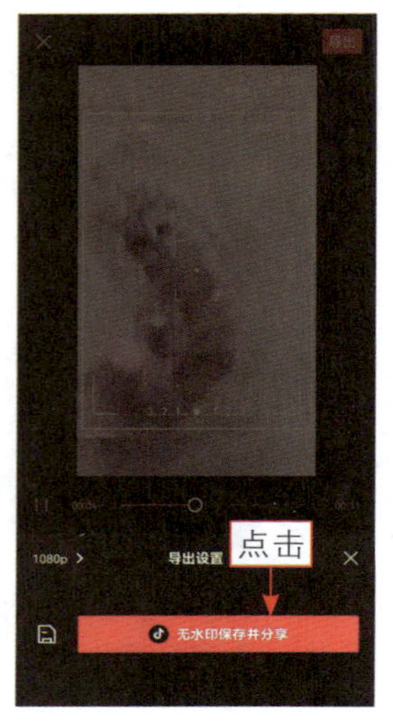

图 2-44　点击相应的按钮

020　高级滤镜，日落灯唯美效果

扫码看案例效果

扫码看教学视频

【效果展示】：在剪映App的“高级滤镜”同款模板中，运用了滤镜调色、日落灯特效及模糊冲刺等动画效果，加上与星光背景相融合，使画面看上去非常唯美，适用于背景简单的人像照片，效果如图2-45所示。

图 2-45　日落灯唯美效果展示

下面介绍在剪映App中制作日落灯唯美效果的操作方法。

步骤 01 在剪映的“我的”|“喜欢”选项卡中，选择一款收藏的“高级滤镜”模板，如图2-46所示。

步骤 02 进入相应的界面，点击“剪同款”按钮，如图2-47所示。

图 2-46　选择一款模板

图 2-47　点击“剪同款”按钮

步骤 03 ❶选择一张写真照片；❷点击“下一步”按钮，如图2-48所示。

步骤 04 预览画面确定效果之后，点击“导出”按钮，如图2-49所示。

步骤 05 在“导出设置”面板中，点击“无水印保存并分享”按钮，如图2-50所示，导出视频。

图 2-48　点击“下一步”按钮

图 2-49　点击“导出”按钮

图 2-50　点击相应的按钮

第 3 章　10 种热门调色：调出心动的高级感

本章要点：

色彩能够影响视频的质感，灰蒙蒙、低饱和度的视频画面会让观众兴致大减，而色彩靓丽、画面精美的视频能够获得更多人的关注，因此在电影、电视剧及短视频中，调色都是后期处理必不可少的一步。本章主要为大家介绍 10 种调色方法，都是非常热门的色调，希望大家能举一反三，从而掌握调色的核心要点。

021　黑金色调，去掉杂色化繁为简

扫码看案例效果

扫码看教学视频

【效果展示】：黑金色调绚丽又有神秘感，色调以黑色和金色为主，调色思路是把橙色往金色调，其他色调都降低饱和度至最低，原图与效果对比如图3-1所示。

图 3-1　原图与效果对比展示

下面介绍在剪映App中调出黑金色调的操作方法。

步骤 01 ❶导入并选择一段视频素材；❷拖曳时间轴至00:02左右的位置；❸点击“分割”按钮，如图3-2所示。

步骤 02 ❶选择分割的后半段视频素材；❷点击“调节”按钮，如图 3-3 所示。

图 3-2　点击“分割”按钮

图 3-3　点击“调节”按钮

步骤 03 进入“调节”选项卡，选择HSL选项，如图3-4所示。

步骤 04 进入HSL面板，❶选择红色◎；❷拖曳“饱和度”滑块至-100，降低红色的色彩饱和度，如图3-5所示。用同样的方法，设置绿色、青色、蓝色、

紫色和洋红色的“饱和度”参数都为-100，降低杂色为灰白色。

图 3-4　选择 HSL 选项

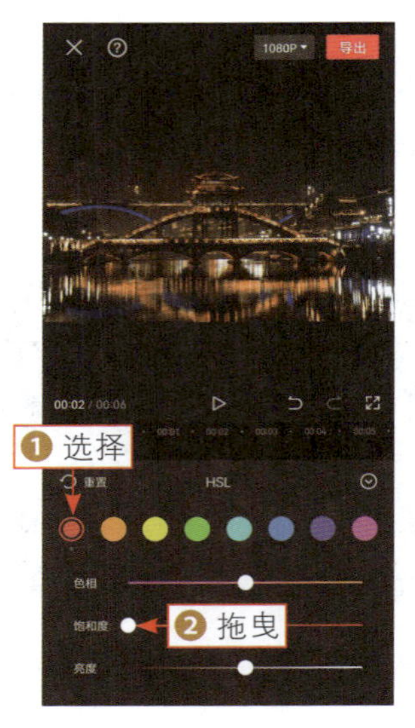

图 3-5　拖曳“饱和度”滑块

步骤 05 ❶选择橙色；❷拖曳“色相”滑块至50，拖曳“饱和度”滑块至100，将橙色变成金色，如图3-6所示。

步骤 06 点击按钮返回一级工具栏，点击“特效”按钮，如图3-7所示。

图 3-6　拖曳相应的滑块

图 3-7　点击“特效”按钮

步骤 07 打开二级工具栏，点击“画面特效”按钮，在“自然”选项卡中，选择“孔明灯”特效，如图3-8所示。

步骤 08 点击✓按钮，即可添加“孔明灯”特效，拖曳白色拉杆调整特效时长，如图3-9所示。

图 3-8　选择“孔明灯”特效

图 3-9　调整特效时长

022　蓝橙色调，冷暖色的强烈对比

扫码看案例效果

扫码看教学视频

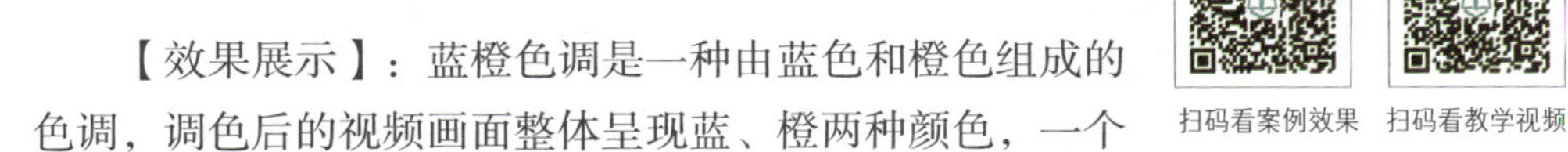

【效果展示】：蓝橙色调是一种由蓝色和橙色组成的色调，调色后的视频画面整体呈现蓝、橙两种颜色，一个冷色调，一个暖色调，色彩对比非常鲜明，原图与效果对比如图3-10所示。

图 3-10　原图与效果对比展示

下面介绍在剪映App中调出蓝橙色调的操作方法。

步骤 01 ①导入并选择一段视频素材；②点击“调节”按钮，如图3-11所示。

步骤 02 进入“调节”选项卡，选择HSL选项，如图3-12所示。

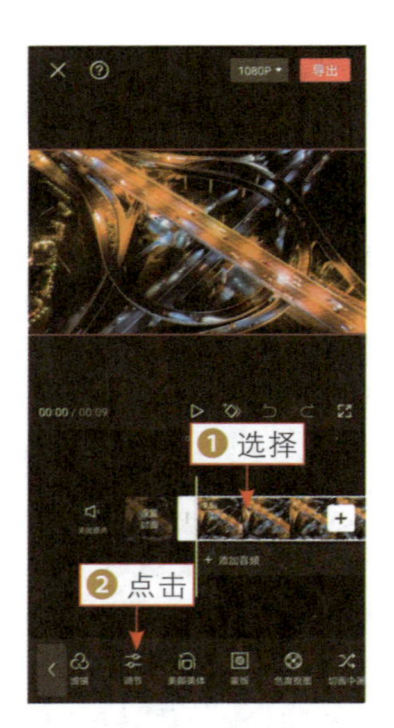

图 3-11　点击“调节”按钮

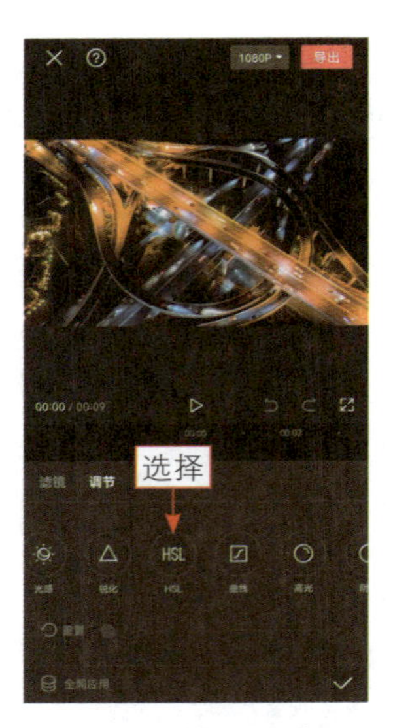

图 3-12　选择 HSL 选项

步骤 03 进入HSL面板，❶选择黄色；❷拖曳“色相”滑块至最左侧，将黄色变为橙色，如图3-13所示。

步骤 04 ❶选择绿色；❷拖曳“饱和度”滑块至最左侧，降低绿色的色彩饱和度，将其变为灰白色，如图3-14所示。

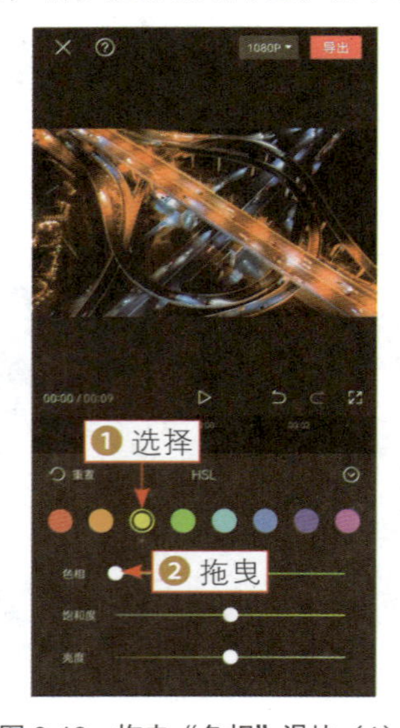

图 3-13　拖曳“色相”滑块（1）

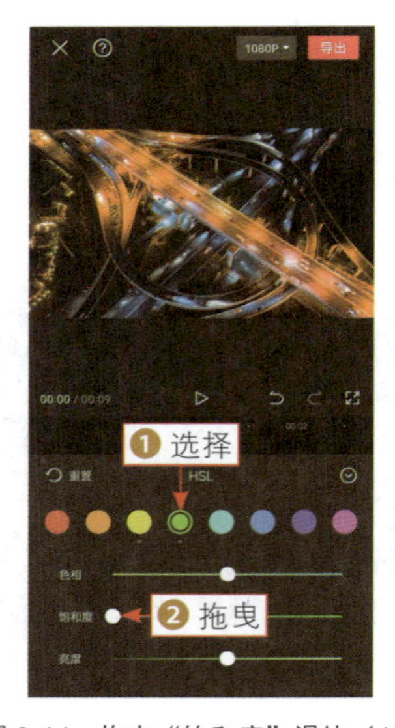

图 3-14　拖曳“饱和度”滑块（1）

步骤 05 ❶选择青色；❷拖曳“色相”滑块至20，将青色变成蓝色，如图3-15所示。

步骤 06 ❶选择蓝色◎；❷拖曳“饱和度”滑块至最右侧，加强蓝色的色彩浓度，如图3-16所示。

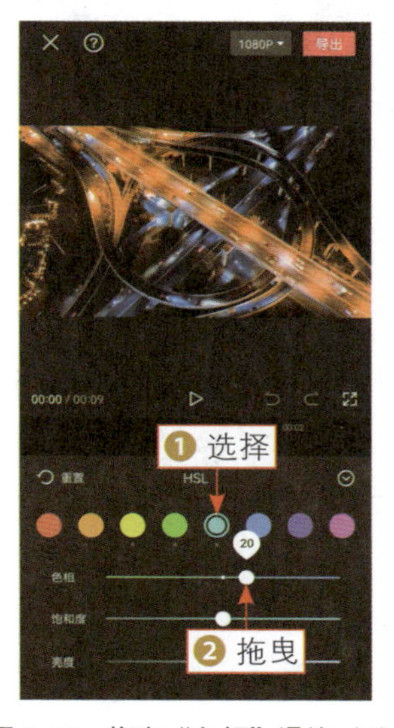

图 3-15　拖曳“色相”滑块（2）

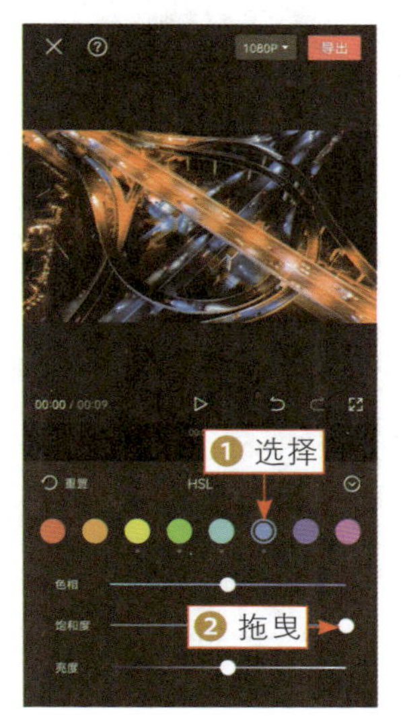

图 3-16　拖曳“饱和度”滑块（2）

023　森系色调，墨绿色彩氛围感强

扫码看案例效果

扫码看教学视频

【效果展示】：森系色调的特点是画面偏墨绿色，是颜色比较暗的一种绿色，能让视频中的植物看起来更加有质感，原图与效果对比如图3-17所示。

图 3-17　原图与效果对比展示

下面介绍在剪映App中调出森系色调的操作方法。

步骤 01 导入一段视频素材，❶选择视频；❷点击“滤镜”按钮，如图3-18所示，即可进入“滤镜”选项卡。

步骤 02 在“复古胶片”选项区中，选择“松果棕”滤镜，如图3-19所示。

图 3-18　点击“滤镜”按钮

图 3-19　选择“松果棕”滤镜

步骤 03 ❶切换至“调节”选项卡；❷选择“亮度”选项；❸拖曳滑块至-7，如图3-20所示，稍微降低曝光。

步骤 04 ❶选择“饱和度”选项；❷拖曳滑块至10，如图3-21所示，调高画面的色彩饱和度。

图 3-20　拖曳“亮度”滑块

图 3-21　拖曳“饱和度”滑块

步骤 05 ❶选择“色温”选项；❷拖曳滑块至-30，如图3-22所示，将画面往冷色调调整。

步骤 06 ❶选择“色调”选项；❷拖曳滑块至-30，如图3-23所示，让绿色更加突出，调出墨绿色调。

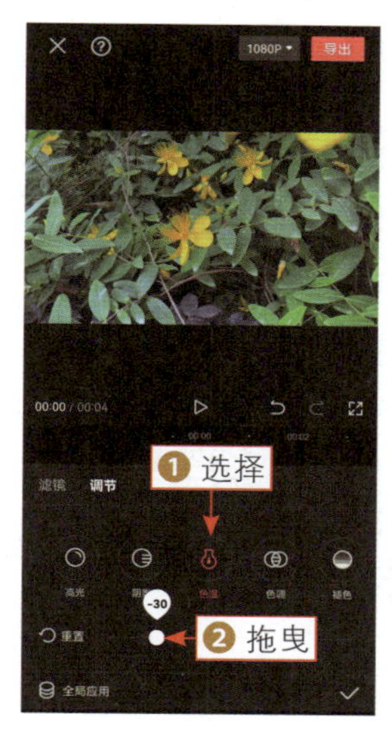

图 3-22　拖曳“色温”滑块

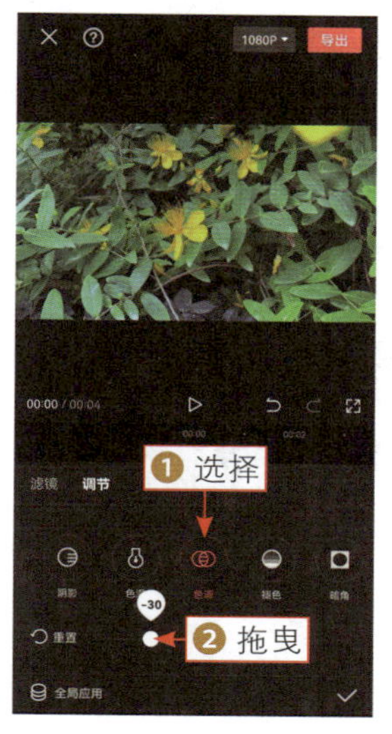

图 3-23　拖曳“色调”滑块

024　人物调色，肤白貌美小清新

扫码看案例效果

扫码看教学视频

【效果展示】：应用“白皙”滤镜和“调节”功能，可以为视频中的人物调出肤白貌美、小清新的效果，原图与效果对比如图3-24所示。

图 3-24　原图与效果对比展示

下面介绍在剪映App中进行人物调色的操作方法。

步骤 01 导入一段视频素材，❶选择视频；❷点击“滤镜”按钮，如图3-25所示，即可进入“滤镜”选项卡。

步骤 02 在“人像”选项区中，选择“白皙”滤镜，如图3-26所示。

图 3-25　点击“滤镜”按钮

图 3-26　选择“白皙”滤镜

步骤03 ①切换至“调节”选项卡；②选择“亮度”选项；③拖曳滑块至-7，如图3-27所示，降低曝光。

步骤04 ①选择“对比度”选项；②拖曳滑块至-20，如图3-28所示，降低画面的明暗对比。

图 3-27　拖曳“亮度”滑块

图 3-28　拖曳“对比度”滑块

步骤05 ①选择“饱和度”选项；②拖曳滑块至30，如图3-29所示，使画面中的颜色更加靓丽。

步骤 06 ①选择“锐化”选项；②拖曳滑块至40，如图3-30所示，使人物更加清晰分明。

图 3-29　拖曳“饱和度”滑块（1）

图 3-30　拖曳“锐化”滑块

步骤 07 ①选择“色温”选项；②拖曳滑块至-30，如图3-31所示，使画面中的颜色偏蓝，变得更加清新。

步骤 08 进入HSL面板，①选择橙色；②拖曳“饱和度”滑块至-30，如图3-32所示，使人物肤色更加显白。

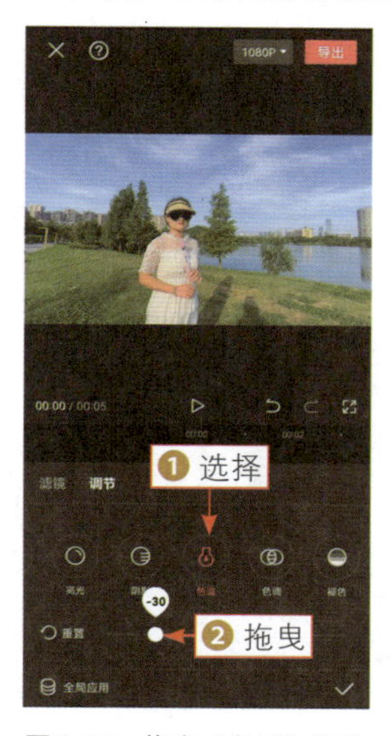

图 3-31　拖曳“色温”滑块

图 3-32　拖曳“饱和度”滑块（2）

025 粉紫色调，制作梦幻夕阳视频

扫码看案例效果

扫码看教学视频

【效果展示】：粉紫色调非常适合用在夕阳视频中，能让天空看起来特别梦幻，调色要点也是突出粉色和紫色，原图与效果对比如图3-33所示。

图 3-33　原图与效果对比展示

下面介绍在剪映App中调出粉紫色调的操作方法。

步骤 01 导入一段视频素材，❶选择视频；❷点击“滤镜”按钮，如图3-34所示，即可进入“滤镜”选项卡。

步骤 02 在“风景”选项区中，选择“暮色”滤镜，如图3-35所示。

图 3-34　点击“滤镜”按钮

图 3-35　选择“暮色”滤镜

步骤 03 在“调节”选项卡中，设置“对比度”参数为-7、“饱和度”参数为10、“光感”参数为10、“色温”参数为-50、“色调”参数为20，部分参数设置如图3-36所示，让画面整体细节看起来更佳，调出粉紫色调。

图 3-36　设置相关参数

026　色卡调色，合成底片简单实用

扫码看案例效果

扫码看教学视频

【效果展示】：在调色类别中，色卡是一款底色工具，只要是有颜色的图片，都可以生成色卡。在剪映中，用色卡可以快速调出既有创意又实用好看的色调，原图与效果对比如图3-37所示。

图 3-37　原图与效果对比展示

下面介绍在剪映App中，使用色卡进行调色的操作方法。

步骤 01 导入一张色卡素材和一个人像视频素材，如图3-38所示。

步骤 02 ❶在轨道中选择色卡素材；❷在工具栏中点击“切画中画”按钮，如图3-39所示。

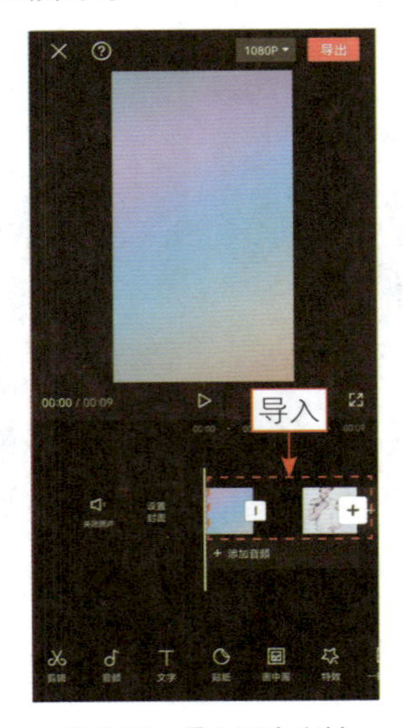

图 3-38　导入两个素材

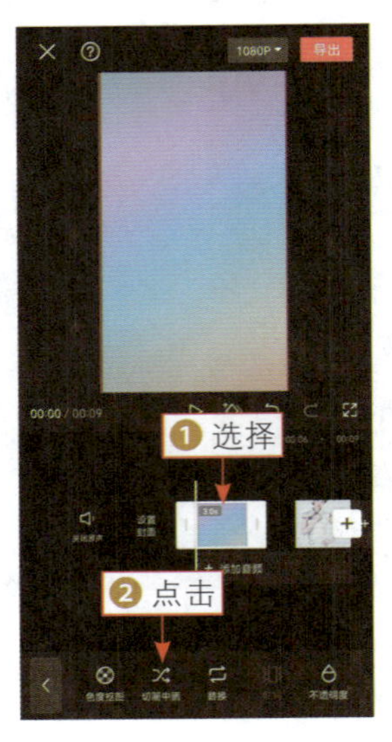

图 3-39　点击“切画中画”按钮

步骤 03 执行操作后，即可将色卡切换至画中画轨道中，❶调整色卡的显示时长与位置；❷点击“混合模式”按钮，如图3-40所示。

步骤 04 在“混合模式”面板中，❶ 选择“正片叠底”选项；❷ 拖曳滑块至60，调整色卡与视频的混合程度，如图 3-41 所示。执行操作后，即可完成色卡调色。

图 3-40　点击“混合模式”按钮

图 3-41　拖曳滑块

027　粉色治愈，《布达佩斯大饭店》电影调色

【效果展示】：电影《布达佩斯大饭店》中的粉色是电影的灵魂，这种粉色没有攻击性，是温柔、优雅的，能让观众在观影体验中得到温暖又治愈的感觉，原图与效果对比如图3-42所示。

扫码看案例效果

扫码看教学视频

图 3-42　原图与效果对比展示

下面介绍在剪映App中，调出电影《布达佩斯大饭店》中粉色调的操作方法。

步骤 01 导入电影片段，❶选择素材；❷点击“滤镜”按钮，如图3-43所示。

步骤 02 在“风景”选项区中，❶选择“暮色”滤镜；❷拖曳滑块，设置滤镜强度参数为60，进行初步调色，如图3-44所示。

步骤 03 回到上一级面板，点击“调节”按钮进入“调节”选项卡，设置“饱和度”参数为20，如图3-45所示，减淡紫色，突出粉色。

图 3-43　点击“滤镜”按钮

图 3-44　设置滤镜参数

图 3-45　设置“饱和度”参数

028　绿色清新，《小森林・夏秋篇》电影调色

扫码看案例效果

扫码看教学视频

【效果展示】：电影《小森林・夏秋篇》可以说是日本清新风格电影的一个代表，满屏的绿色调能让观众感受到生活和生命的美好，瞬间被治愈，原图与效果对比如图 3-46 所示。

图 3-46　原图与效果对比展示

下面介绍在剪映 App 中，调出电影《小森林・夏秋篇》中绿色调的操作方法。

步骤 01 导入电影片段，❶选择素材；❷点击“调节”按钮，如图3-47所示。

步骤 02 设置“亮度”参数为8，提高画面亮度，如图3-48所示。

步骤 03 设置“对比度”参数为15，增强画面明暗对比，如图3-49所示。

图 3-47　点击“调节”按钮

图 3-48　设置“亮度”参数

图 3-49　设置“对比度”参数

步骤 04 设置“饱和度”参数为15，让画面色彩更加浓郁，如图3-50所示。

步骤 05 设置“色温”参数为-15，让植物变成冷色调，如图3-51所示。

步骤 06 设置“色调”参数为-10，让绿色效果更加自然，如图3-52所示

图 3-50　设置“饱和度”参数

图 3-51　设置“色温”参数

图 3-52　设置“色调”参数

029　黄色浓郁，《月升王国》电影调色

【效果展示】：电影《月升王国》除了服装是统一的黄色系，就连各种道具和场景设置都是黄色系的，画面十分特别，这些浓郁的画面，就如童话世界一般，原图与效果对比如图3-53所示。

扫码看案例效果

扫码看教学视频

图 3-53　原图与效果对比展示

下面介绍在剪映App中，调出电影《月升王国》中黄色调的操作方法。

步骤 01 导入电影片段，❶选择素材；❷点击“调节”按钮，如图 3-54 所示。

步骤 02 设置“亮度”参数为10，提高画面亮度，如图3-55所示。

图 3-54　点击“调节”按钮

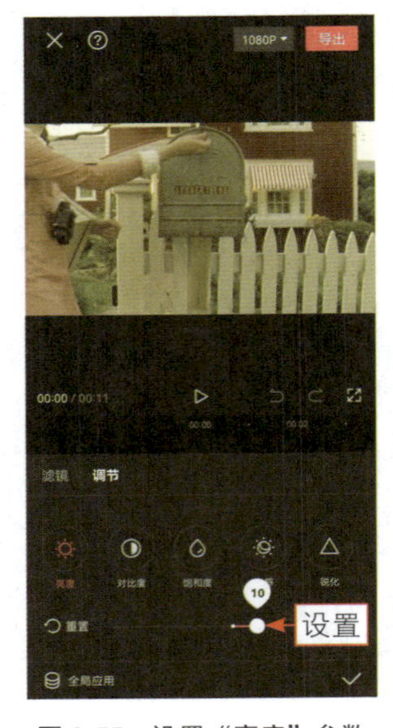

图 3-55　设置“亮度”参数

步骤 03 设置“饱和度”参数为30，使黄色更加浓郁，如图3-56所示。

步骤 04 设置“色温”参数为20，将画面色彩调为暖色调，如图3-57所示。

图 3-56　设置“饱和度”参数

图 3-57　设置“色温”参数

030　青色灰暗，《地雷区》电影调色

扫码看案例效果

扫码看教学视频

【效果展示】：在电影《地雷区》这部引人反思战争的历史电影中，色调风格是偏灰暗的，整体画面偏青色，十分沉重，因此调色思路是反向调色，原图与效果对比如图3-58所示。

图 3-58　原图与效果对比展示

下面介绍在剪映App中，调出电影《地雷区》中青灰色调的操作方法。

步骤 01 导入电影片段，❶ 选择素材；❷ 点击“调节”按钮，如图 3-59 所示。

步骤 02 设置“饱和度”参数为 -25，让画面色彩变暗淡一些，如图 3-60 所示。

图 3-59　点击“调节”按钮

图 3-60　设置“饱和度”参数

步骤 03 设置“色温”参数为-9，让画面色彩偏冷青色，如图3-61所示。

步骤 04 设置“褪色”参数为20，将画面色彩减淡，变得有些偏灰色，如图3-62所示。

步骤 05 设置“光感”参数为-17，让有光的地方变暗一些，从而营造出压抑的氛围，如图3-63所示。

图 3-61　设置“色温”参数

图 3-62　设置“褪色”参数

图 3-63　设置“光感”参数

第 4 章　12 种视频特效：成就后期处理高手

本章要点：

在短视频平台上，经常可以刷到很多特效视频，画面炫酷又神奇，非常受大众的喜爱，轻轻松松就能收获百万点赞。本章将介绍水墨特效、颜色渐变、幻影特效、雪花纷飞、加关键帧、综艺滑屏、划像对比、模糊特效、消息弹窗、人物分身、大头特效及立体相册等 12 种特效的制作技巧。

031 水墨特效，唯美的国风视频

扫码看案例效果

扫码看教学视频

【效果展示】：在剪映App中，为多段古风视频添加“水墨”遮罩转场，可以制作出唯美的国风视频，效果如图4-1所示。

图 4-1 水墨国风视频效果展示

下面介绍在剪映App中制作水墨国风视频的操作方法。

步骤 01 ❶导入4段视频素材；❷点击第1段视频和第2段视频中间的转场按钮▯，如图4-2所示。

步骤 02 执行操作后，进入“转场”面板，❶切换至“遮罩转场”选项卡；❷选择“水墨”转场；❸拖曳滑块调整转场时长为1.5s，如图4-3所示。

步骤 03 用与上面相同的方法，在其他视频之间添加“水墨”转场，如图4-4所示。

图 4-2 导入 4 段视频素材

图 4-3 拖曳滑块

图 4-4 添加转场

032　颜色渐变，使树叶快速变色

扫码看案例效果

扫码看教学视频

【效果展示】：使用剪映App中的“变秋天”特效，可以将画面中的绿树、绿草快速变成秋日的黄色，效果如图4-5所示。

图 4-5　颜色渐变效果展示

下面介绍在剪映App中制作颜色渐变效果的操作方法。

步骤 01 ❶导入相应的素材；❷点击“特效”按钮，如图4-6所示。

步骤 02 打开二级工具栏，点击“画面特效”按钮，在“基础”选项卡中，选择“变秋天”特效，如图4-7所示。

图 4-6　点击“特效”按钮

图 4-7　选择“变秋天”特效

步骤 03 点击“调整参数”按钮，进入“调整参数”面板，设置“速度”参数为0，如图4-8所示。

步骤 04 点击和按钮，添加“变秋天”特效，拖曳白色拉杆，调整特效时长与视频时长一致，如图4-9所示。

图 4-8　设置“速度”参数

图 4-9　调整特效时长

033　幻影特效，让人物叠加重影

扫码看案例效果

扫码看教学视频

【效果展示】：幻影特效是很多武侠片中较为常见的特效，能让主角的功夫招式更加奇幻和具有观赏性，效果如图4-10所示。

图 4-10　幻影特效效果展示

下面介绍在剪映App中制作幻影特效的操作方法。

步骤 01 在剪映App中导入5段同样的视频素材，如图4-11所示。

步骤 02 ❶选择第1段素材；❷点击“切画中画”按钮，如图4-12所示，把素材切换至画中画轨道中。

步骤 03 用与上面相同的方法，把剩下的视频素材切换至画中画轨道中，如图 4-13 所示。

步骤 04 ❶放大轨道面板；❷把第 1 条画中画轨道中的素材往后拖，效果如图 4-14 所示。

图 4-11　导入 5 段视频素材

图 4-12　点击“切画中画”按钮

图 4-13　切换视频至画中画轨道中

图 4-14　拖曳素材

步骤 05 用同样的方法，把剩下的3段素材都往后拖一些，❶选择第4条画中画轨道中的素材；❷点击“不透明度”按钮，如图4-15所示。

步骤 06 进入“不透明度”面板，拖曳圆环滑块，设置“不透明度”参数为20，如图4-16所示。用与上面相同的操作方法，设置第3条画中画轨道中素材的

“不透明度”参数为40、第2条画中画轨道中素材的“不透明度”参数为60、第1条画中画轨道中素材的“不透明度”参数为80。执行上述操作后，即可完成人物幻影重叠效果视频的制作。

图 4-15　点击“不透明度”按钮

图 4-16　设置“不透明度”参数

034　雪花纷飞，城市夜景短视频

扫码看案例效果

扫码看教学视频

【效果展示】：在剪映App中，使用“自然”特效选项卡中的“大雪”特效和“背景的风声”音效，可以模拟真实的下雪效果，制作出城市中雪花纷飞的视频，效果如图4-17所示。

图 4-17　雪花纷飞效果展示

下面介绍在剪映App中制作城市雪花纷飞夜景视频的操作方法。

步骤 01 ❶在剪映App中导入视频素材；❷依次点击“特效”按钮和“画面特效”按钮，如图4-18所示。

步骤 02 执行操作后，❶切换至“自然”选项卡；❷选择“大雪”特效，如图4-19所示。

图 4-18　点击“画面特效”按钮

图 4-19　选择“大雪”特效

步骤 03 点击✓按钮添加特效，拖曳特效右侧的白色拉杆，调整特效时长，使其与视频时长一致，如图4-20所示。

步骤 04 返回到主界面，❶拖曳时间轴至起始位置；❷依次点击“音频”按钮和“音效”按钮，如图4-21所示。

图 4-20　调整特效时长

图 4-21　点击“音效”按钮

步骤 05 进入相应的界面，❶切换至“环境音”选项卡；❷点击“背景的风声”音效右侧的“使用”按钮，如图4-22所示。

步骤 06 ❶拖曳时间轴至视频的结束位置；❷选择音效；❸点击“分割”按钮，如图4-23所示。最后删除多余的音效即可。

图 4-22　点击“使用”按钮

图 4-23　点击“分割”按钮

035　加关键帧，照片变动态视频

扫码看案例效果

扫码看教学视频

【效果展示】：在剪映 App 中，利用关键帧可以将横版的全景照片变为动态的竖版视频，方法非常简单，效果如图 4-24 所示。

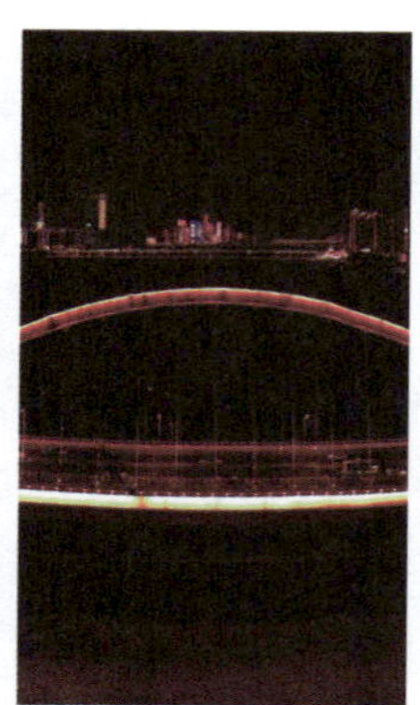

图 4-24　照片变动态视频效果展示

下面介绍在剪映App中通过添加关键帧将照片变成动态视频的操作方法。

步骤 01 在剪映App中，❶导入全景照片并调整时长；❷点击"比例"按钮，如图4-25所示。

步骤 02 在比例工具栏中，选择9：16选项，如图4-26所示

步骤 03 ❶选择素材；❷在起始位置点击◇按钮添加关键帧；❸调整照片的画面大小和位置，使图片的最左边位置为视频的起始位置，如图4-27所示。

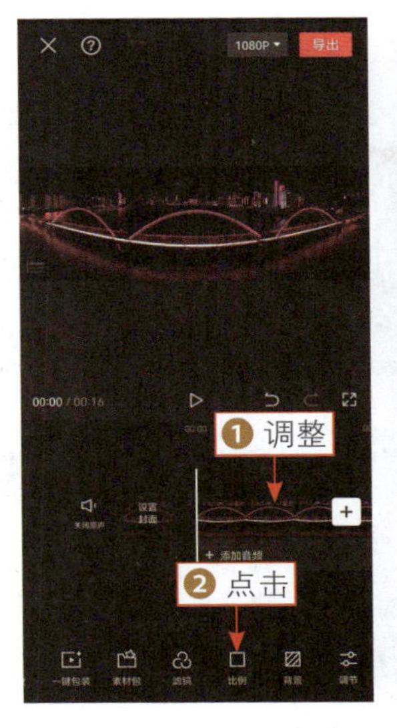

图 4-25　点击"比例"按钮

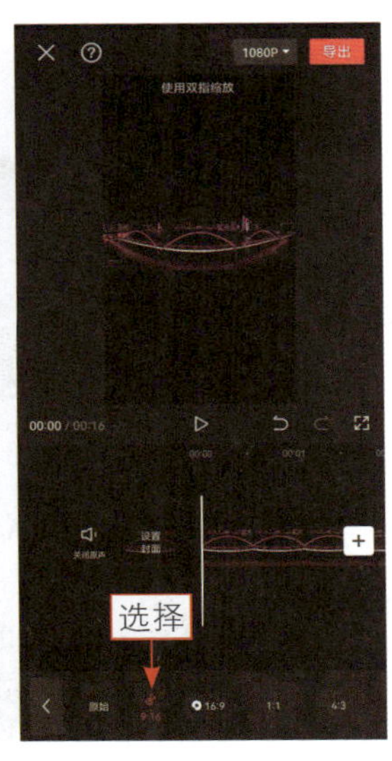

图 4-26　选择 9：16 选项

步骤 04 ❶拖曳时间轴至视频末尾；❷调整照片的位置，使图片的最右边位置为视频的末尾，如图4-28所示，最后为视频添加合适的背景音乐即可。

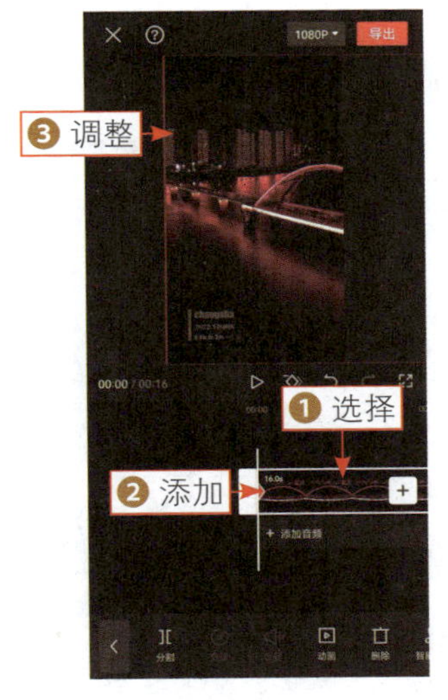

图 4-27　调整照片的大小和位置

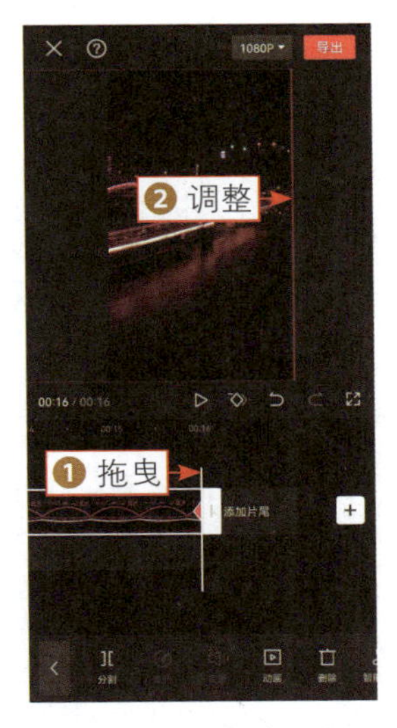

图 4-28　调整照片的位置

036　综艺滑屏，既有创意又高级

扫码看案例效果

扫码看教学视频

【效果展示】：综艺滑屏是一种非常适合用来展示多段视频的效果，适合用来制作旅行VLOG、综艺片头等，

效果如图4-29所示。

图 4-29　综艺滑屏效果展示

下面介绍在剪映App中制作综艺滑屏效果的操作方法。

步骤 01 ❶在剪映App中导入一段视频素材；❷点击“比例”按钮，如图4-30所示。

步骤 02 在比例工具栏中，选择9：16选项，如图4-31所示。

图 4-30　点击“比例”按钮（1）

图 4-31　选择 9：16 选项

步骤 03 ❶选择视频素材；❷在预览区域调整视频画面的位置和大小，如图4-32所示。

步骤 04 依次点击“画中画”按钮和“新增画中画”按钮，❶再次导入5段视频素材；❷并在预览窗口中调整视频画面的位置和大小；❸点击“背景”按钮，如图4-33所示。

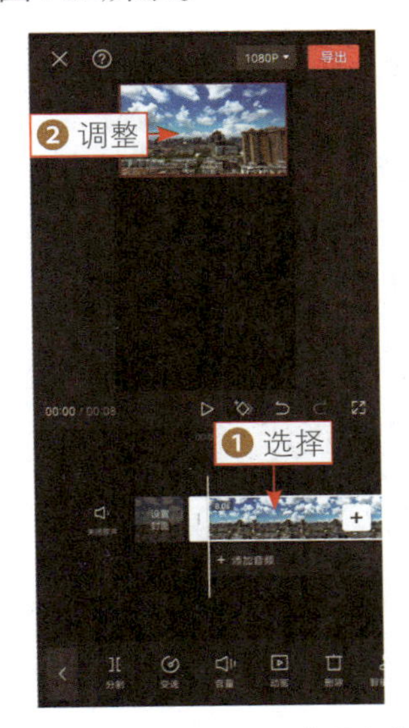

图 4-32　调整视频画面的位置和大小

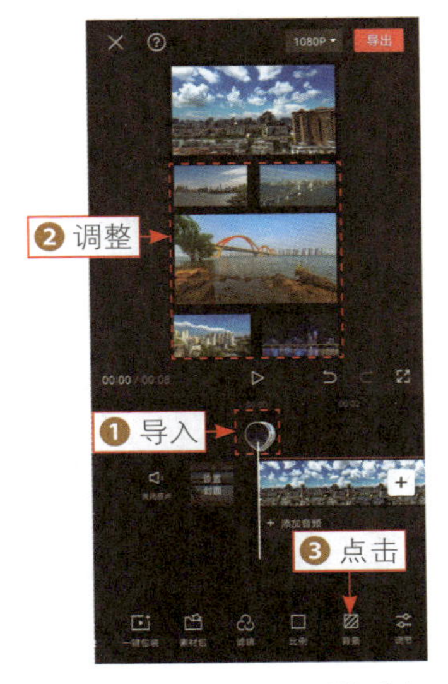

图 4-33　点击“背景”按钮

步骤 05 打开背景工具栏，点击“画布颜色”按钮，如图4-34所示。

步骤 06 进入“画布颜色”面板，❶选择白色色块，即可设置画布背景为白色；❷点击“导出”按钮，如图4-35所示。

图 4-34　点击“画布颜色”按钮

图 4-35　点击“导出”按钮

步骤 07 导出完成后，点击“开始创作”按钮，❶导入刚刚导出的视频素材；❷点击“比例”按钮，如图4-36所示。

步骤 08 在比例工具栏中，选择16：9选项，如图4-37所示。

图 4-36　点击“比例”按钮（2）

图4-37　选择16：9选项

步骤 09 ❶选择视频素材；❷调整画面大小；❸点击关键帧按钮，如图4-38所示，即可添加一个关键帧。

步骤 10 ❶拖曳时间轴至视频结束的位置；❷在预览区域调整画面位置，使其显示画面的底部，如图4-39所示，添加第2个关键帧，完成综艺滑屏特效的制作。

图 4-38　点击关键帧按钮

图 4-39　调整画面位置

037　划像对比，日景与夜景对比

扫码看案例效果

扫码看教学视频

【效果展示】：在剪映App中，蒙版起着遮罩画面的作用，为蒙版添加关键帧，可以让蒙版“动”起来。在剪映中使用“线性”蒙版，可以制作出画面划像对比效果，如图4-40所示。

图 4-40　划像对比效果展示

下面介绍在剪映App中制作划像对比效果的操作方法。

步骤 01 ❶在剪映App中导入日景视频素材；❷依次点击“画中画”按钮和“新增画中画”按钮，如图4-41所示。

步骤 02 ❶在画中画轨道中添加一段夜景视频；❷调整画中画素材的大小；❸点击关键帧按钮◈；❹点击“蒙版”按钮，如图4-42所示。

图 4-41　点击“新增画中画”按钮

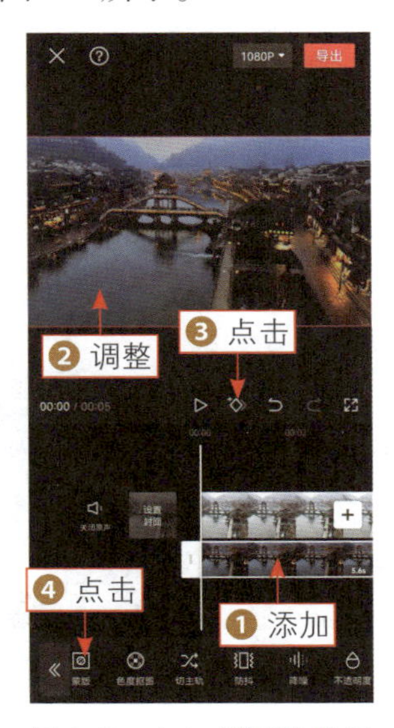

图 4-42　点击“蒙版”按钮

步骤 03 进入“蒙版”面板，❶选择“线性”蒙版；❷在预览窗口中旋转蒙版为-90°并拖曳至画面左侧，如图4-43所示。

步骤 04 ❶拖曳时间轴至合适的位置；❷在预览窗口中拖曳蒙版至画面右侧，如图4-44所示。执行操作后，即可添加第2个蒙版关键帧，完成划像对比效果的制作。

图 4-43　拖曳蒙版至左侧

图 4-44　拖曳蒙版至右侧

038　模糊特效，遮盖视频中的水印

扫码看案例效果

扫码看教学视频

【效果展示】：当要用来剪辑的视频中有水印时，可以通过剪映的“模糊”特效和“矩形”蒙版，遮挡视频中的水印，原图与效果对比如图4-45所示。

图 4-45　原图与效果对比展示

下面介绍在剪映App中遮盖视频水印的操作方法。

步骤 01 ❶在剪映App中导入水印视频素材；❷点击“特效”按钮和“画面特效”按钮，如图4-46所示。

步骤 02 在“基础”选项卡中，选择“模糊”特效，如图4-47所示。

图 4-46　点击“画面特效”按钮

图 4-47　选择“模糊”特效

步骤 03 点击✓按钮，添加“模糊”特效并调整特效时长，如图4-48所示。

步骤 04 将视频导出后返回剪辑界面，❶将“模糊”特效删除并将导出的模糊视频重新导入画中画轨道中；❷在预览窗口中调整模糊视频的大小，如图4-49所示。

图 4-48　调整特效时长

图 4-49　调整模糊视频的大小

步骤 05 在工具栏中，点击“蒙版”按钮，如图4-50所示。

步骤 06 进入“蒙版”面板，❶选择“矩形”蒙版；❷在预览窗口中调整蒙版的位置、大小及羽化程度，如图4-51所示。

图 4-50　点击“蒙版”按钮

图 4-51　调整蒙版

039　消息弹窗，对话形式更加有趣

扫码看案例效果

扫码看教学视频

【效果展示】：一般的消息弹窗页面都是静止的图片，在剪映App中则可以制作动态的消息弹窗特效，让对话形式更加有趣，效果如图4-52所示。

图 4-52　消息弹窗效果展示

下面介绍在剪映App中制作消息弹窗效果的操作方法。

步骤 01 ❶在剪映中导入背景视频；❷拖曳时间轴至视频1s的位置；❸点击“画中画”按钮，如图4-53所示。

步骤 02 点击“新增画中画”按钮，❶在画中画轨道中添加第1张人像照片并调整时长；❷在预览窗口中缩小画面并移至左上角，如图4-54所示。

图 4-53　点击“画中画”按钮

图 4-54　添加第 1 张照片并调整大小和位置

步骤 03 在一级工具栏中，点击“文字”按钮，如图4-55所示。

步骤 04 打开二级工具栏，点击“文字模板”按钮，如图4-56所示。

图 4-55　点击“文字”按钮

图 4-56　点击“文字模板”按钮

步骤 05 ❶选择一个气泡文字模板；❷更改文字内容；❸在预览窗口中调整其位置，如图4-57所示。

步骤 06 执行操作后，调整文本的时长，如图4-58所示。

图 4-57　调整文字的位置

图 4-58　调整文本的时长

步骤 07 用与上面相同的方法，在右下角添加头像和对话文字，如图 4-59 所示。

图 4-59　添加头像和对话文字

步骤 08 ❶ 拖曳时间轴至合适的位置；❷ 点击“音频”按钮，如图 4-60 所示。

步骤 09 打开二级工具栏，点击“音效”按钮，❶搜索“消息提醒”音效；❷点击“微信来消息”右侧的“使用”按钮，如图4-61所示，即可添加音效。

步骤 10 复制添加的音效，并拖至第2段消息弹窗的位置，如图4-62所示。

图 4-60　点击“音频”按钮

图 4-61　点击“使用”按钮

图 4-62　拖曳音效的位置

040　人物分身，自己给自己拍照

扫码看案例效果

扫码看教学视频

【效果展示】：在剪映App中，运用“线性”蒙版功能可以制作分身视频，即把同一场景中的两个人物视频合成在一个视频画面中。自己给自己拍照的分身视频效果如图4-63所示。

图 4-63　人物分身效果展示

下面介绍在剪映App中制作人物分身视频的操作方法。

步骤 01 在剪映中导入两段人物视频，❶选择第1段视频；❷点击“切画中画”按钮，如图4-64所示，将视频切换至画中画轨道中。

步骤 02 ❶ 选择画中画轨道中的视频；❷ 点击“蒙版”按钮，如图 4-65 所示。

步骤 03 在“蒙版”面板中，选择“线性”蒙版，如图4-66所示。

图 4-64　点击“切画中画”按钮

图 4-65　点击“蒙版”按钮

步骤 04 在预览区域中将蒙版旋转-90°，如图4-67所示，即制作完成人物分身视频。

图 4-66　选择“线性”蒙版

图 4-67　旋转蒙版

041　大头特效，把人物的头变大

扫码看案例效果

扫码看教学视频

【效果展示】：在剪映App中，还有很多人物特效，比如大头特效、道具特效和动物形象特效等，让视频中的人物更加生动有趣。大头特效效果如图4-68所示。

图 4-68　大头特效效果展示

下面介绍在剪映App中制作大头特效的操作方法。

步骤 01 ❶在剪映App中导入一段人物视频素材；❷点击“特效”按钮，如图4-69所示。

步骤 02 在二级工具栏中，点击“人物特效”按钮，如图4-70所示。

图 4-69　点击“特效”按钮

图 4-70　点击“人物特效”按钮

步骤 03 在“热门”选项卡中，选择“大头”特效，如图4-71所示，放大头部。

步骤 04 点击☑按钮，即可添加“大头”特效，并调整“大头”特效的时长和位置，如图4-72所示。

图 4-71　选择“大头”特效

图 4-72　调整特效时长

042　立体相册，将人物单独显示

扫码看案例效果

扫码看教学视频

【效果展示】：在剪映App中，利用“立体相册”特效能把画面中的人像单独显示出来，制作出立体效果，背景则是平面效果，视频效果如图4-73所示。

图 4-73　立体相册效果展示

下面介绍在剪映App中制作立体相册的操作方法。

步骤 01 在剪映中导入视频素材，❶选择素材；❷点击“音频分离”按钮，如图4-74所示，分离音频轨道。

步骤 02 ❶拖曳时间轴至视频两秒左右的位置；❷点击“分割”按钮，如图4-75所示，分割视频。

图 4-74　点击“音频分离”按钮

图 4-75　点击“分割”按钮

步骤 03 ❶选择分割后的第1段素材；❷点击“删除”按钮，如图4-76所示。

步骤 04 ❶选择剩下的视频并调整时长为3.0s；❷点击“定格”按钮，如图4-77所示，定格结束位置的画面。

图 4-76　点击“删除”按钮

图 4-77　点击“定格”按钮

步骤 05 ❶选择定格素材；❷点击“抖音玩法”按钮，如图4-78所示。

步骤 06 在“抖音玩法”面板中，选择“立体相册”选项，如图4-79所示。

图 4-78　点击“抖音玩法”按钮

图 4-79　选择“立体相册”选项

步骤 07 在定格素材的起始位置和下一秒位置点击◇按钮添加关键帧，如图4-80所示。

步骤 08 在两个关键帧中间的位置调整画面的大小和角度，如图4-81所示。

图 4-80　添加关键帧

图 4-81　调整画面的大小和角度

步骤 09 ❶选择第1段素材；❷依次点击“动画”按钮和“组合动画”按钮，如图4-82所示。

步骤 10 在“组合动画”面板中，选择“左拉镜”动画，如图4-83所示。

图 4-82　点击“动画”按钮

图 4-83　选择“左拉镜”动画

步骤 11 回到一级工具栏，依次点击“特效”按钮和“画面特效”按钮，❶切换至“自然”选项卡；❷选择“花瓣飞扬”特效，如图4-84所示。

步骤 12 调整“花瓣飞扬”特效的位置，与素材的末尾对齐，如图4-85所示。

图 4-84　选择“花瓣飞扬”特效

图 4-85　调整“花瓣飞扬”特效的位置

第 5 章　8 个抠图技巧：打造炫酷合成视频

本章要点：

在剪映 App 中，提供了“智能抠像”和“色度抠图”这两个抠图功能。“智能抠像”功能主要针对人像进行抠图，“色度抠图”功能主要通过抠取画面中的某种颜色进行抠图，掌握这两个基本抠图功能的用法，搭配剪映中的其他功能，就能打造出炫酷的合成视频。

043　抠图转场，建筑飞入更换画面

扫码看案例效果

扫码看教学视频

【效果展示】：抠图转场是一种非常炫酷的转场效果，它需要抠出视频画面中的主体，比较适用于建筑类的视频。用户可以借助醒图和美册等手机App对视频画面中的建筑进行抠图处理，然后把抠出图片素材制作成动画转场效果，也就是建筑从天而降的转场特效，效果如图5-1所示。

图 5-1　抠图转场效果展示

下面介绍使用剪映和醒图App制作抠图转场特效的操作方法。

步骤 01 在剪映App中导入3段建筑视频，如图5-2所示，并对每段视频的第1帧画面进行截图。

步骤 02 打开醒图 App，在主页点击“导入”按钮，如图 5-3 所示。

步骤 03 进入“全部照片”界面，选择第1段视频的截图，如图5-4所示。

图 5-2　导入 3 段建筑视频

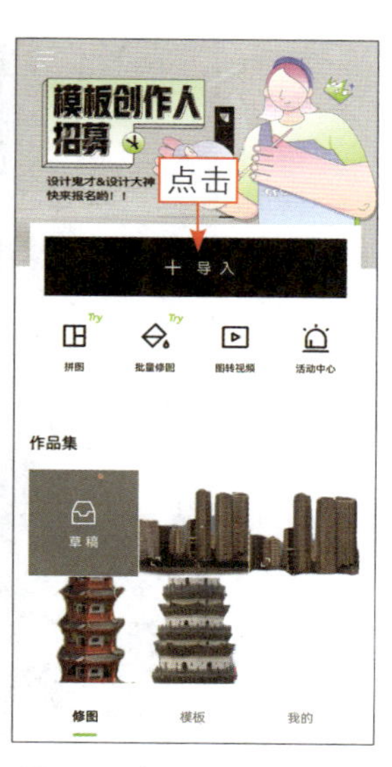

图 5-3　点击“导入”按钮

步骤 04 进入编辑界面，在“人像”选项卡的工具栏中，点击“抠图”按钮，如图5-5所示。

图 5-4　选择第 1 段视频的截图

图 5-5　点击“抠图”按钮

步骤 05 进入“抠图”界面，❶ 使用“快速抠图”功能；❷ 调整“大小”滑块，设置为最小值；❸ 用涂抹的方式选取图片中需要抠取的建筑，如图 5-6 所示。

步骤 06 点击✓按钮即可完成抠图，返回到上一个界面，点击⬇按钮，即可保存抠取的第1张图片，如图5-7所示。

图 5-6　涂抹建筑

图 5-7　点击相应的按钮

步骤 07 用与上面相同的方法，❶导入第2张需要抠取建筑的截图；❷在“抠图”界面中点击“智能抠图”按钮；❸将图片中比较明显的建筑物体抠选出来，如图5-8所示。执行操作后，将抠取的第2张图片保存，并用同样的方法抠取第3张截图。

图 5-8　抠选建筑物体

图 5-9　点击“定格”按钮

步骤 08 重新打开剪映App，❶选择第1段视频；❷点击“定格”按钮，如图5-9所示。

步骤 09 生成定格片段后，调整时长为0.5s，如图5-10所示。

步骤 10 返回一级工具栏，点击“画中画”按钮，如图5-11所示。

图 5-10　调整定格片段的时长

图 5-11　点击“画中画”按钮

步骤 11 点击“新增画中画”按钮，在“照片视频”界面中选择抠取的第 1 张图片，将其添加到画中画轨道中，并调整其时长与定格片段的时长一致，如图 5-12 所示。

步骤 12 在预览窗口中，❶调整抠图图片的位置和大小，使其与定格片段中的建筑大小重叠；❷点击“动画”按钮，如图5-13所示。

图 5-12　调整抠图图片的时长

图 5-13　点击“动画”按钮

步骤 13 在工具栏中点击“入场动画”按钮，显示“入场动画”面板，❶选择“向下甩入”动画；❷拖曳时长滑块至最右端，调整动画时长为最长，如图5-14所示，制作抠图建筑从天而降的效果。

步骤 14 执行上述操作后，在第2条画中画轨道中，添加一个烟雾粒子素材并调整其时长为0.5s，如图5-15所示。

图 5-14　拖曳滑块至最右端

图 5-15　调整素材时长

步骤 15 ❶在预览窗口中调整烟雾粒子素材的大小和位置；❷点击“混合模式”按钮，如图5-16所示。

步骤 16 在“混合模式”面板中，选择“滤色”选项，消除画面中的黑色，如图5-17所示。

图 5-16　点击“混合模式”按钮

图 5-17　选择“滤色”选项

步骤 17 ❶用与上面相同的方法制作另外两组抠图转场效果；❷最后为视频添加一段合适的背景音乐，即可完成视频的制作，如图5-18所示。

图 5-18　制作两组抠图效果并添加背景音乐

044　抠人换景，为寿星跳舞祝贺

扫码看案例效果

扫码看教学视频

【效果展示】：在剪映App中，运用“色度抠图”功能可以抠出任何绿幕视频素材，获得想要的视频部分。例如，人物跳舞的绿幕视频素材，可以把人物抠出来切换场景，让舞者在自己想要的场景中跳舞，画面非常有趣、和谐，效果如图5-19所示。

图 5-19　抠人换景效果展示

下面介绍在剪映App中制作抠人换景效果的操作方法。

步骤 01 在剪映中导入人物跳舞的绿幕视频素材和寿辰庆典背景视频素材，如图5-20所示。

步骤 02 ❶选择绿幕素材；❷点击“切画中画”按钮，如图5-21所示，将素材切换至画中画轨道。

图 5-20　导入两段视频素材

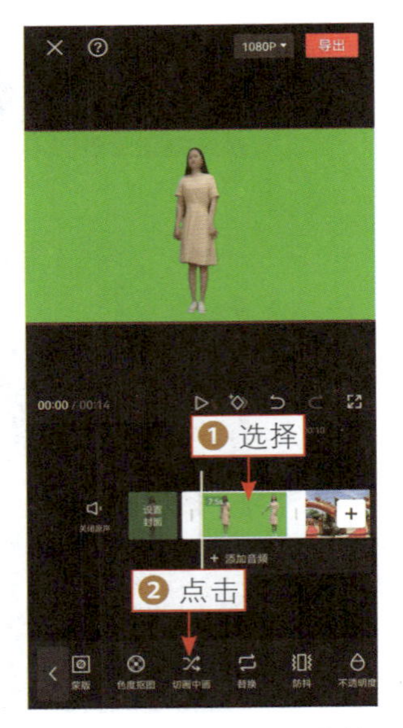

图 5-21　点击“切画中画”按钮

步骤 03 在工具栏中，点击“色度抠图”按钮，如图5-22所示。

步骤 04 在预览窗口中，拖曳取色器选取画面中的绿色，如图5-23所示。

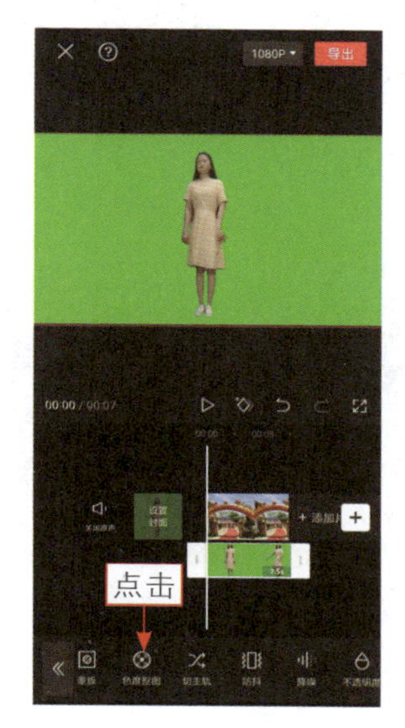

图 5-22　点击“色度抠图”按钮

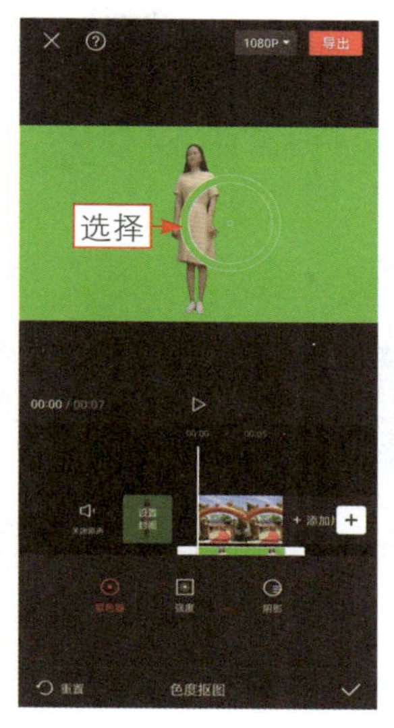

图 5-23　选取绿色

步骤 05 ❶选择“强度”选项；❷拖曳滑块至100的位置，调整抠图的强度，去除画面中的绿色，如图5-24所示。

步骤 06 在预览窗口中，调整人物的大小和位置，如图5-25所示。播放视频，可以看到人物在祝寿场景中跳舞的效果，画面非常欢快。

图 5-24　拖曳滑块

图 5-25　调整人物的大小和位置

045 人物定格，角色出场介绍

扫码看案例效果

扫码看教学视频

【效果展示】：人物定格特效非常适用于角色出场介绍，在剪映中制作人物定格特效，需要在人物看向镜头时将画面定格，再通过“智能抠像”功能对定格画面中的人物进行抠像，最后更改画面背景、添加人物介绍说明文字和音效即可，效果如图5-26所示。

图 5-26 人物定格效果展示

下面介绍在剪映App中制作人物定格特效的操作方法。

步骤 01 ❶在剪映中导入并选择一段人物视频素材；❷点击“音频分离”按钮，如图5-27所示，将视频中的音乐分离出来。

步骤 02 ❶拖曳时间轴至合适的位置；❷点击“定格”按钮，如图5-28所示，生成定格片段。

图 5-27 点击“音频分离”按钮

图 5-28 点击“定格”按钮

步骤 03 拖曳白色拉杆，调整定格片段的时长，使其结束位置与音频的结束位置对齐，如图5-29所示。

步骤 04 ❶选择定格片段后面的视频片段；❷点击“删除”按钮，如图5-30所示，将多余的视频片段删除。

图 5-29　拖曳白色拉杆

图 5-30　点击“删除”按钮

步骤 05 ❶选择定格片段；❷点击“智能抠像”按钮，如图5-31所示，将视频中的人物抠选出来。

步骤 06 返回一级工具栏，点击“背景”按钮，如图5-32所示。

图 5-31　点击“智能抠像”按钮

图 5-32　点击“背景”按钮

步骤 07 在二级工具栏中，点击“画布样式”按钮，如图5-33所示。

步骤 08 在“画布样式”面板中，选择一种画布样式，如图5-34所示。

图 5-33　点击“画布样式”按钮

图 5-34　选择一种画布样式

步骤 09 返回一级工具栏，点击“文字”按钮，如图5-35所示。

步骤 10 在二级工具栏中，点击“新建文本”按钮，如图5-36所示。

图 5-35　点击“文字”按钮

图 5-36　点击“新建文本”按钮

步骤 11 ❶输入文字内容；❷选择合适的字体，如图5-37所示。

步骤 12 ❶切换至“样式”选项卡；❷选择一种合适的预设样式；❸在“排

列”选项区中点击第4个按钮▥，设置文本垂直顶端对齐；❹在预览区域中调整文字的大小和位置，如图5-38所示。

图 5-37　选择合适的字体

图 5-38　点击“新建文本”按钮

步骤 13 ❶切换至“动画”选项卡；❷在“入场动画”选项区中选择“打字机Ⅱ”动画；❸拖曳滑块至2.0s，设置动画时长，如图5-39所示。

步骤 14 点击✓按钮，调整文本时长与定格片段的时长一致，如图 5-40 所示。

图 5-39　拖曳滑块

图 5-40　调整文本时长

步骤15 返回一级工具栏，点击“音频”|“音效”按钮，即可进入音效素材库，❶切换至“机械”选项卡；❷点击“打字声”音效右侧的“使用”按钮，如图5-41所示。

步骤16 执行操作后，即可添加“打字声”音效，如图5-42所示。

图5-41 点击“使用”按钮

图5-42 添加“打字声”音效

046 天空之镜，人在天空中漫步

扫码看案例效果

扫码看教学视频

【效果展示】：运用剪映中的“智能抠图”和“编辑”功能就能制作出漫步天空之镜特效，让人在天空中漫步，效果如图5-43所示。

图5-43 天空之镜效果展示

下面介绍在剪映App中制作天空之镜效果的操作方法。

步骤 01 ❶在视频轨道中导入天空背景素材；❷在画中画轨道中添加人物走路的素材；❸点击“智能抠像”按钮，如图5-44所示，抠出人像。

步骤 02 ❶调整人物素材的大小和位置；❷点击“复制”按钮，如图5-45所示，复制人像素材。

步骤 03 ❶把复制出的人像素材拖至第2条画中画轨道中，与视频的位置对齐；❷点击“编辑”按钮，如图5-46所示。

图 5-44　点击“智能抠像”按钮

图 5-45　点击“复制”按钮

步骤 04 ❶连续点击“旋转”按钮两次；❷点击“镜像”按钮；❸调整两段人像素材的画面位置，使其对称，如图5-47所示。

图 5-46　点击“编辑”按钮

图 5-47　调整两段人像素材的画面位置

步骤 05 返回上一级工具栏，点击“不透明度”按钮，如图5-48所示。

步骤 06 拖曳滑块，设置“不透明度”参数为40，如图5-49所示，制作出倒影虚化的效果。

图 5-48　点击“不透明度”按钮

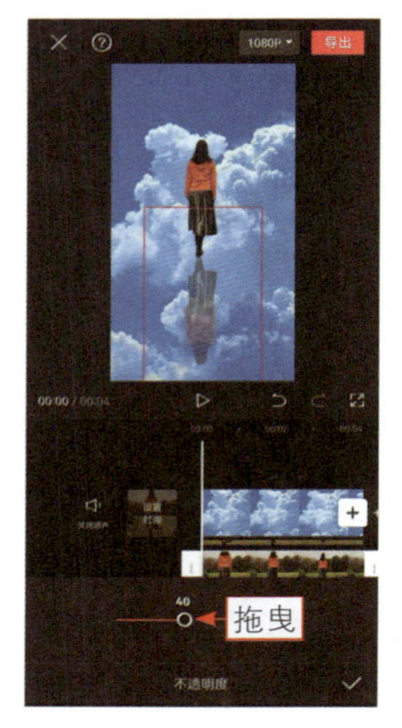

图 5-49　拖曳滑块

047　恐龙特效，再现侏罗纪世界

扫码看案例效果

扫码看教学视频

【效果展示】：在剪映App的“素材库”界面中有很多绿幕素材，其中就有恐龙绿幕素材，用“色度抠图”功能可以将恐龙抠出来，效果如图5-50所示。

图 5-50　恐龙特效效果展示

下面介绍在剪映App中制作恐龙特效的操作方法。

步骤 01 ❶在剪映中导入背景素材；❷点击“画中画”|“新增画中画”按钮，如图5-51所示。

步骤 02 在“素材库”界面的“绿幕素材”选项卡中，❶选择一个恐龙绿幕素材；❷点击“添加”按钮，如图5-52所示。

图 5-51　点击“新增画中画”按钮

图 5-52　点击“添加”按钮

步骤 03 执行操作后，❶即可添加恐龙绿幕素材；❷在预览窗口中调整素材的位置；❸点击“色度抠图”按钮，如图5-53所示。

步骤 04 在预览窗口中拖曳取色器，如图5-54所示，选取画面中的绿色。

图 5-53　点击“色度抠图”按钮

图 5-54　拖曳取色器

步骤 05 ❶选择“强度”选项；❷设置参数为100，如图5-55所示。

步骤 06 ❶选择“阴影”选项；❷设置参数为55，如图5-56所示，抠出恐龙。

步骤 07 执行上述操作后，添加一个合适的音效，如图5-57所示。

图 5-55　设置“强度”参数

图 5-56　设置“阴影”参数

图 5-57　添加音效

048　鲸鱼特效，游动的海底生物

扫码看案例效果

扫码看教学视频

【效果展示】：鲸鱼特效适合用在天空留白较多的视频中，制作出海底世界的奇妙效果，栩栩如生的鲸鱼非常令人惊艳，效果如图5-58所示。

图 5-58　鲸鱼特效效果展示

下面介绍在剪映App中制作鲸鱼特效的操作方法。

步骤 01 ❶在剪映中导入背景素材；❷点击“画中画”|“新增画中画”按钮，如图5-59所示。

步骤 02 ❶在画中画轨道中添加一个鲸鱼绿幕素材；❷点击“色度抠图”按

钮，如图5-60所示。

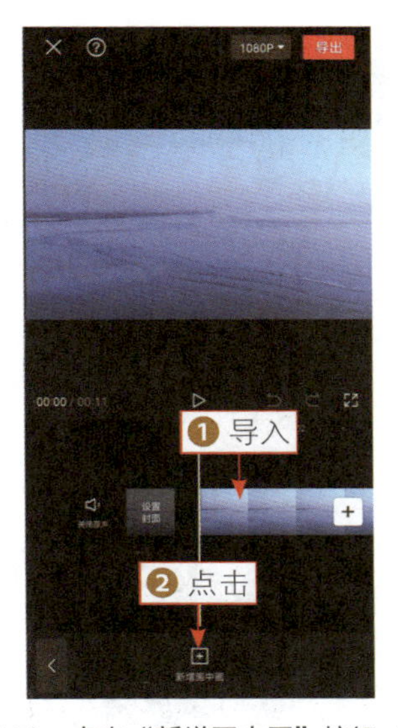

图 5-59　点击“新增画中画”按钮（1）

图 5-60　点击“色度抠图”按钮

步骤 03 在预览窗口中拖曳取色器，如图5-61所示，选取画面中的绿色。

步骤 04 ❶ 选择“强度”选项；❷ 设置参数为 100，如图 5-62 所示，抠出鲸鱼。

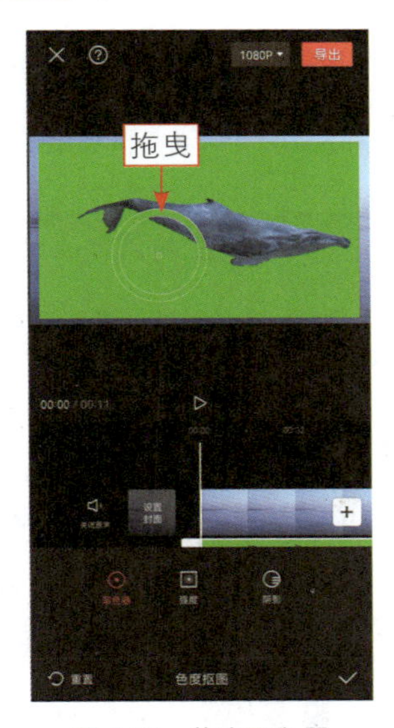

图 5-61　拖曳取色器

图 5-62　设置“强度”参数

步骤 05 在鲸鱼素材起始位置点击按钮，❶添加关键帧；❷调整鲸鱼的位置，使其处于画面左边的位置，如图5-63所示。

步骤 06 ❶拖曳时间轴至视频的末尾；❷调整鲸鱼的位置，使其处于画面中间偏右的位置，如图5-64所示，制作出鲸鱼从左游到右的效果。

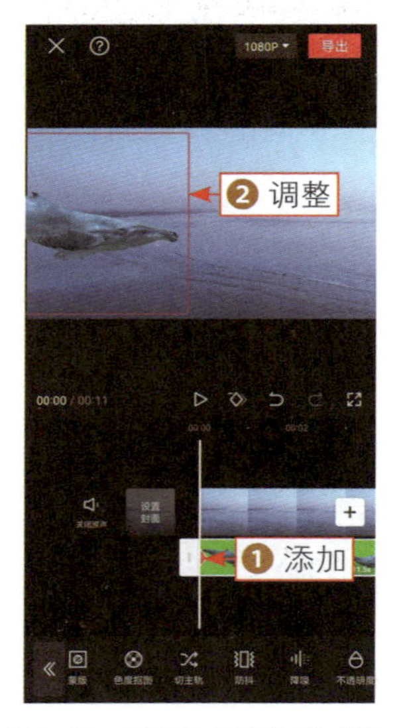

图 5-63　调整鲸鱼的位置（1）

图 5-64　调整鲸鱼的位置（2）

步骤 07 回到二级工具栏，❶拖曳时间轴至视频开始的位置；❷点击“新增画中画”按钮，如图5-65所示。

步骤 08 ❶添加海底素材；❷调整海底素材的大小，使其覆盖画面；❸点击“混合模式”按钮，如图5-66所示。

图 5-65　点击“新增画中画”按钮（2）

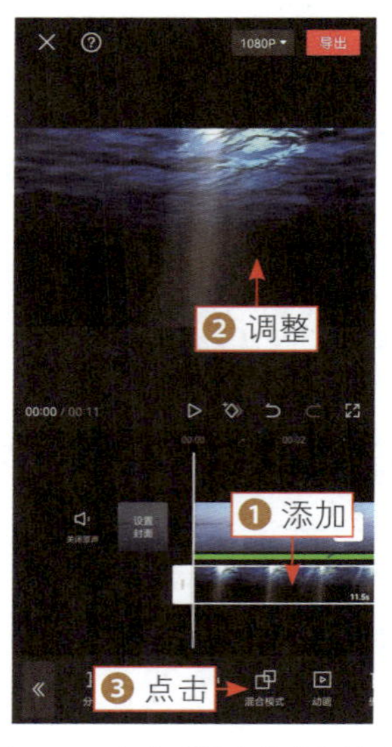

图 5-66　点击“混合模式”按钮

步骤 09 在“混合模式”面板中，选择“滤色”选项，如图5-67所示，制作出海底世界的效果。

步骤 10 ❶选择鲸鱼绿幕素材；❷点击“调节”按钮，如图5-68所示。

图 5-67　选择“滤色”选项

图 5-68　点击“调节”按钮

步骤 11 在“调节”选项卡中，选择HSL选项，如图5-69所示。

步骤 12 ❶选择绿色◎；❷拖曳“饱和度”滑块至最左侧，将鲸鱼边缘的绿色变为灰白色，使鲸鱼看起来更加自然，如图5-70所示。

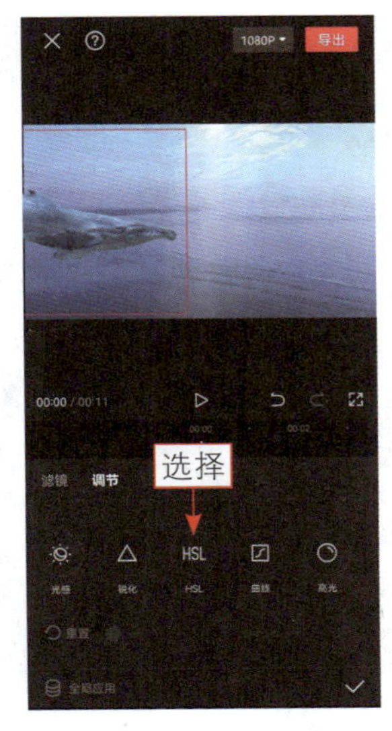

图 5-69　选择 HSL 选项

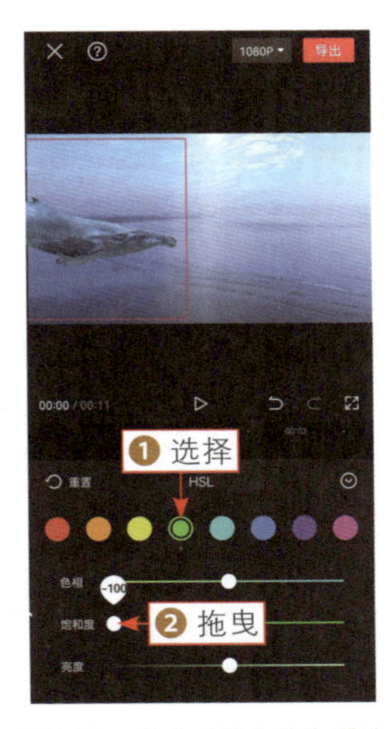

图 5-70　拖曳“饱和度”滑块

049　闪电特效，伸手召唤出闪电

扫码看案例效果

扫码看教学视频

【效果展示】：在剪映App中，除了可以通过“色度抠图”功能抠除颜色，使用“混合模式”功能也能达到抠图合成效果。例如，使用“滤色”模式可以抠除画面中的黑色；使用“变暗”模式可以抠除画面中的白色等。而闪电特效中应用的闪电素材便是一个画面中只有黑白两色的素材，在剪映中通过“滤色”模式就能抠除黑色背景，留下白色的闪电，将其与人物视频合成，就可制作出人物召唤闪电的特效，如图5-71所示。

图 5-71　闪电特效效果展示

下面介绍在剪映App中制作闪电特效的操作方法。

步骤 01 ❶在视频轨道中导入天空留白较多的人物视频；❷在画中画轨道中添加一个闪电特效素材并调整时长和位置；❸点击“混合模式”按钮，如图5-72所示。

步骤 02 ❶选择“滤色”选项；❷调整闪电的大小和位置，使其处于人物拳头的上方，如图5-73所示。

图 5-72　点击“混合模式”按钮

图 5-73　选择“滤色”选项

步骤 03 返回一级工具栏，点击“特效”|“画面特效”按钮，进入特效素材库，❶切换至“自然”选项卡；❷选择“闪电”特效，如图5-74所示。

步骤 04 点击✓按钮，即可添加“闪电”特效，并调整特效的时长，完成效果的制作，如图5-75所示。

图 5-74　选择“闪电”特效

图 5-75　调整特效的时长

050　裸眼3D，将人物移出画框

扫码看案例效果

扫码看教学视频

【效果展示】：制作裸眼3D特效，需要在剪映中添加黑色边框，将人物抠出来让人物处于黑色边框的外面，变得立体，效果如图5-76所示。

图 5-76　裸眼 3D 效果展示

下面介绍在剪映App中制作裸眼3D特效的操作方法。

步骤 01 ❶在剪映中导入人物视频素材；❷点击“画中画”|“新增画中画”按钮，如图5-77所示。

步骤 02 ❶在画中画轨道中添加一个画框并调整其时长；❷在预览窗口中调整画面大小；❸点击“色度抠图”按钮，如图5-78所示。

步骤 03 在预览窗口中拖曳取色器，选取画面中的深绿色，如图5-79所示。

图 5-77　点击“新增画中画”按钮

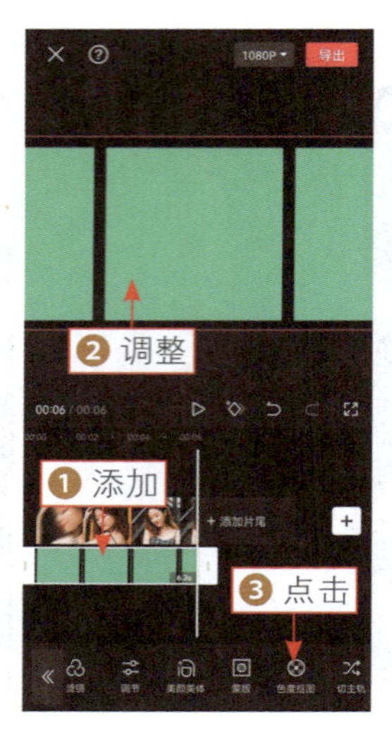

图 5-78　点击“色度抠图”按钮

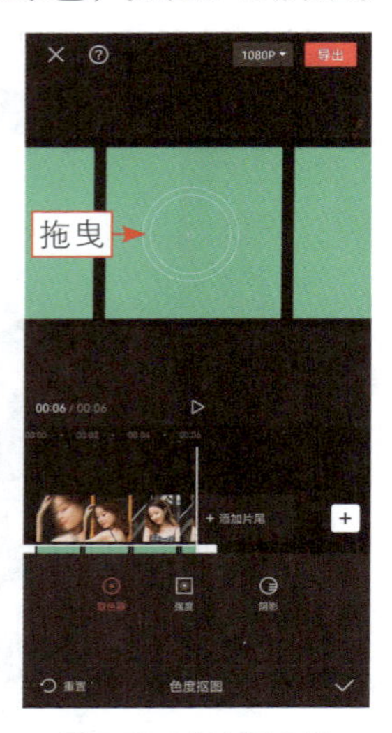

图 5-79　拖曳取色器

步骤 04 ❶选择“强度”选项；❷设置参数为100，如图5-80所示。

步骤 05 ❶选择“阴影”选项；❷设置参数为100，如图5-81所示。

步骤 06 ❶选择人物素材；❷拖曳时间轴至视频1s左右的位置；❸点击“分割”按钮，如图5-82所示，分割视频。

图 5-80　设置“强度”参数

图 5-81　设置“阴影”参数

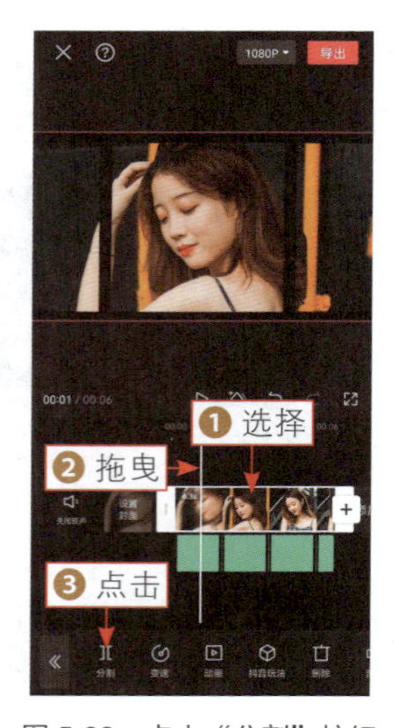

图 5-82　点击“分割”按钮

步骤 07 ❶选择后半段人物素材；❷点击“复制”按钮，如图5-83所示。

步骤 08 ❶ 选择复制的人物素材；❷ 点击“切画中画”按钮，如图 5-84 所示。

图 5-83　点击“复制”按钮

图 5-84　点击“切画中画”按钮

步骤 09 ❶拖曳复制的素材至第2条画中画轨道中，使其与视频轨道中的第2段人物素材对齐；❷点击“智能抠像”按钮，如图5-85所示，将人物抠出来。

步骤 10 执行上述操作后，调整画中画轨道中人物视频素材的“音量”参数为0，如图5-86所示，使其静音。

图 5-85　点击“智能抠像”按钮

图 5-86　调整“音量”参数

Jue -------- Mei -------Zhi -------- Lian

第6章　13个字幕效果：让视频新颖有创意

本章要点：

在短视频平台上，我们常常可以看到很多视频中都添加了字幕效果，或用于歌词，或用于语音解说，让观众在短短几秒内就能看懂更多视频内容。同时，这些文字还有助于观众记住发布者要表达的信息，吸引他们点赞和关注。本章将介绍13种字幕效果的制作方法，让视频更加新颖有创意。

051　添加主题，文字缩小效果

扫码看案例效果

扫码看教学视频

【效果展示】：剪映 App 除了能够用来剪辑视频，用户也可以使用它的“文字”功能给自己拍摄的短视频添加合适的文字内容，并为文字添加动画特效，使视频更加具有观赏性，效果如图 6-1 所示。

图 6-1　添加主题效果展示

下面介绍在剪映App中为视频添加主题，制作文字缩小效果的操作方法。

步骤 01 在剪映 App 中，❶ 导入一段视频素材；❷ 拖曳时间轴至 0.5s 左右的位置；❸ 点击“文字”按钮，如图 6-2 所示。

步骤 02 打开文字工具栏，点击“新建文本”按钮，如图 6-3 所示。

步骤 03 进入文字编辑界面，❶ 输入文字内容；❷ 选择一种合适的字体，如图 6-4 所示。

图 6-2　点击“文字”按钮

图 6-3　点击“新建文本”按钮

步骤 04 ❶ 切换至“花字”|“发光”选项卡；❷ 选择一种发光的花字样式，如图 6-5 所示。

图 6-4　选择一种合适的字体

图 6-5　选择一种发光的花字样式

步骤 05 ❶切换至“动画”选项卡；❷选择“缩小Ⅱ”入场动画；❸拖曳滑块至1.3s的位置，如图6-6所示，制作文字放大缩小效果。

步骤 06 点击✓按钮，即可添加文本，拖曳时间轴至动画结束的位置，如图6-7所示。

图 6-6　拖曳滑块至 1.3s 的位置

图 6-7　拖曳时间轴

步骤07 用同样的方法，在动画结束的位置新建文本，❶输入文本内容；❷在“花字”选项卡的“发光”选项区中选择禁用选项（因前面一个文本使用了花字，在制作下一个文本效果时，会默认套用上一个文本设置的字体、样式等，所以如果不需要套用，需要取消使用发光的花字样式）；❸在预览窗口中调整文本的大小和位置，如图6-8所示。

步骤08 在“样式”选项卡的“描边”选项区中，❶选择白色色块；❷设置“粗细度”参数为20，如图6-9所示。

步骤09 在“动画”选项卡中，❶选择“逐字显影”入场动画；❷拖曳滑块至1.5s的位置，如图6-10所示。至此，完成文字缩小效果的制作。

图6-8　调整文本的大小和位置

图6-9　设置“粗细度”参数

图6-10　拖曳滑块至1.5s的位置

052　添加贴纸，让画面更丰富

扫码看案例效果

扫码看教学视频

【效果展示】：剪映App的工具栏中，有一个“贴纸”工具，用户可以根据需要为视频添加贴纸，丰富画面中的元素，效果如图6-11所示。

图 6-11　添加贴纸效果展示

下面介绍在剪映App中为视频添加贴纸的操作方法。

步骤 01 在剪映App中，❶导入一段人物视频素材；❷拖曳时间轴至合适的位置；❸点击“贴纸”按钮，如图6-12所示。

步骤 02 进入贴纸素材库，在“收藏”选项卡中，❶选择兔子贴纸（用户可以在搜索框中搜索需要的贴纸，并长按贴纸收藏）；❷在预览窗口中调整贴纸的大小和位置，如图6-13所示。

图 6-12　点击“贴纸”按钮

图 6-13　调整贴纸的大小和位置

步骤 03 ❶切换至“爱心”选项卡；❷选择一款爱心贴纸；❸调整贴纸的位置，如图6-14所示。

步骤 04 点击✓按钮确认，即可添加贴纸，调整两个贴纸的结束位置，使其与视频结束的位置对齐，如图6-15所示。

图 6-14　调整贴纸的位置

图 6-15　调整结束位置

053　文字模板，直接套用字幕

扫码看案例效果

扫码看教学视频

【效果展示】：剪映App中提供了丰富的文字模板，直接套用文字模板，用户可以快速制作出精美的短视频文字效果，如图6-16所示。

图 6-16　套用文字模板效果展示

下面介绍在剪映App中直接套用文字模板的操作方法。

步骤 01 ❶在剪映中导入一段视频素材；❷点击“文字”按钮，如图6-17所示。

步骤 02 打开文字工具栏，点击“文字模板”按钮，如图6-18所示。

步骤 03 进入“文字模板”选项卡，❶在“手写字”选项区中选择一个文字模板；❷调整文字的位置和大小，如图6-19所示。如果需要更改文字内容，直接在文本框中更改模板中的文字内容即可。

图 6-17　点击“文字”按钮

图 6-18　点击“文字模板”按钮

步骤 04 点击✓按钮确认，即可添加文本，调整文本的时长与视频一致，如图6-20所示。

图 6-19　调整文字的位置和大小

图 6-20　调整文本的时长

054　识别字幕，中英文电影字幕

扫码看案例效果

扫码看教学视频

【效果展示】：在剪映中通过“识别字幕”功能就能把视频中的语音识别成字幕，后期再添加英文字幕，就能制作出中英文电影字幕效果，如图6-21所示。

图 6-21　中英文电影字幕效果展示

下面介绍在剪映App中制作中英文电影字幕的操作方法。

步骤 01 ❶在剪映中导入一段视频素材；❷点击“文字”按钮，如图6-22所示。

步骤 02 打开文字工具栏，点击“识别字幕”按钮，如图6-23所示。

图 6-22　点击“文字”按钮

图 6-23　点击“识别字幕”按钮

步骤 03 在弹出的面板中，点击“开始识别”按钮，如图6-24所示。

步骤 04 识别完成之后，❶选择第1个文本；❷点击“批量编辑”按钮，如

图6-25所示。

图 6-24　点击“开始识别”按钮

图 6-25　点击“批量编辑”按钮

步骤 05 选择第1段文字内容，如图6-26所示。

步骤 06 在“字体”选项卡中，❶选择一款合适的字体；❷调整文本的位置和大小，如图6-27所示。

图 6-26　选择第 1 段文字内容

图 6-27　调整文本的位置和大小

步骤 07 ❶切换至“样式”选项卡；❷在“排列”选项区中设置“字间距”参数为4，如图6-28所示。

步骤 08 ❶切换至“动画”选项卡；❷在“入场动画”选项区中选择“向下溶解”动画，如图6-29所示。执行操作后，为第2段文字内容添加同样的动画效果。

图 6-28　设置“字间距”参数（1）

图 6-29　选择“向下溶解”动画

步骤 09 在第 1 段文字内容的起始位置，点击“新建文本”按钮，如图 6-30 所示。

步骤 10 ❶输入英文；❷选择一款合适的字体；❸调整英文文字大小和位置，如图6-31所示。

图 6-30　点击“新建文本”按钮

图 6-31　调整英文文字大小和位置

步骤 11 在“样式”选项卡的“排列”选项区中，设置“字间距”参数为

2，如图6-32所示。

步骤12 ❶切换至“动画”选项卡；❷在“入场动画”选项区中选择“溶解”动画，如图6-33所示。

图 6-32　设置“字间距”参数（2）

图 6-33　选择“溶解”动画

步骤13 ❶选择英文并调整时长；❷点击“复制”按钮，如图6-34所示。

步骤14 ❶拖曳复制的英文至第2段中文文字内容的下方；❷点击“编辑”按钮，如图6-35所示。

步骤15 进入文字编辑界面，修改第2段英文，如图6-36所示。

图 6-34　点击“复制”按钮

图 6-35　点击“编辑”按钮

图 6-36　修改文本内容

055 识别歌词，添加歌词字幕

扫码看案例效果

扫码看教学视频

【效果展示】：在剪映中运用“识别歌词”功能可以识别出视频背景音乐的歌词，再添加“卡拉OK”文字动画，就能制作出KTV歌词字幕效果，如图6-37所示。

图 6-37 添加歌词字幕效果展示

下面介绍在剪映App中为视频添加歌词字幕的操作方法。

步骤 01 ❶在剪映中导入一段视频素材；❷点击“文字”按钮，如图6-38所示。

步骤 02 打开文字工具栏，点击“识别歌词”按钮，如图6-39所示。

图 6-38 点击“文字”按钮

图 6-39 点击“识别歌词”按钮

步骤 03 在弹出的面板中，点击“开始识别”按钮，如图6-40所示。

步骤 04 识别完成之后，❶选择第1段歌词；❷点击“批量编辑”按钮，如图6-41所示。

图 6-40　点击“开始识别”按钮

图 6-41　点击“批量编辑”按钮

步骤 05 选择第1段歌词，如图6-42所示。

步骤 06 在“字体”选项卡中，❶选择一款合适的字体；❷调整文本的位置和大小，如图6-43所示。

步骤 07 ❶切换至“样式”选项卡；❷在“排列”选项区中设置“字间距”参数为4，如图6-44所示。

步骤 08 ❶切换至“动画”选项卡；❷在“入场动画”选项区中选择“卡拉OK”动画；❸选择黄色色块；❹拖曳滑块至最右端，设置动画时长，如图6-45所示。

图 6-42　选择第 1 段歌词

图 6-43　调整文本的位置和大小

图 6-44　设置“字间距”参数

图 6-45　拖曳滑块至最右端

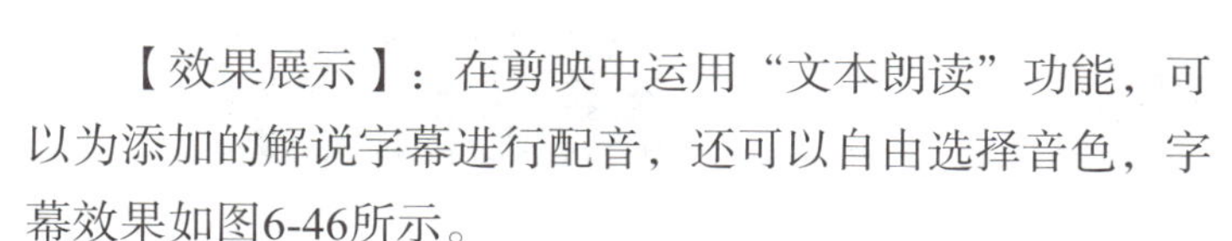

056　文本朗读，制作字幕配音

扫码看案例效果

扫码看教学视频

【效果展示】：在剪映中运用“文本朗读”功能，可以为添加的解说字幕进行配音，还可以自由选择音色，字幕效果如图6-46所示。

图 6-46　文本朗读字幕效果展示

下面介绍在剪映App中制作字幕配音的操作方法。

步骤 01 ❶在剪映中导入一段视频素材；❷点击“文字”按钮，如图6-47所示。

步骤 02 打开文字工具栏，点击“新建文本”按钮，如图6-48所示。

步骤 03 进入文字编辑界面，❶输入文字内容；❷选择一款合适的字体（漫语体）；❸调整文字大小和位置，如图6-49所示。

步骤 04 在“样式”选项卡中，❶选择一种预设样式；❷在“排列”选项区中设置“字间距”参数为4，如图6-50所示。

图6-47 点击“文字”按钮

图6-48 点击“新建文本”按钮

图6-49 调整文字大小和位置

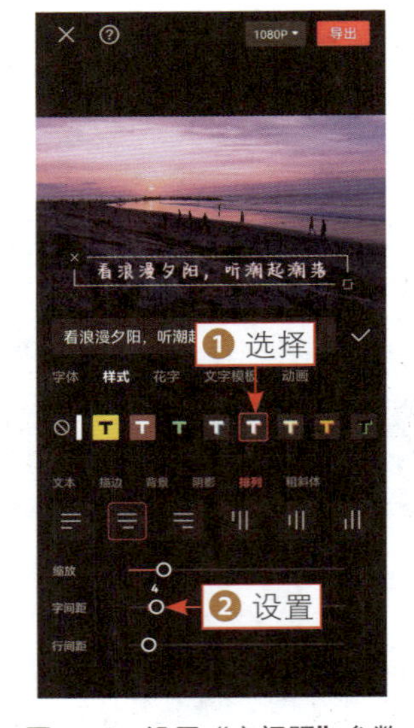

图6-50 设置“字间距”参数

步骤 05 ❶切换至“动画”选项卡；❷选择“向右擦除”入场动画；❸拖曳滑块设置动画时长为3.7s，如图6-51所示。

步骤 06 点击✓按钮确认，即可添加字幕，❶调整字幕时长与视频时长一致；❷点击“文本朗读”按钮，如图6-52所示。

图 6-51　拖曳滑块

图 6-52　点击“文本朗读”按钮

步骤 07 进入“音色选择”面板，❶切换至“女声音色”选项卡；❷选择“心灵鸡汤”音色，如图6-53所示。

步骤 08 点击✓按钮确认，即可生成字幕配音音频，如图6-54所示。

图 6-53　选择“心灵鸡汤”选项

图 6-54　生成字幕配音音频

057　文字消散，让字幕更唯美

扫码看案例效果

扫码看教学视频

【效果展示】：在剪映App中，通过添加消散粒子素材，就能合成文字消散的效果，让文字随风消散，画面十分唯美，效果如图6-55所示。

图 6-55　文字消散效果展示

下面介绍在剪映App中制作文字消散效果的操作方法。

步骤 01 ❶在剪映中导入一段视频素材；❷点击“文字”→“新建文本”按钮，如图6-56所示。

步骤 02 进入文字编辑界面，❶输入文字内容；❷选择字体；❸调整文字的大小和位置，如图6-57所示。

图 6-56　点击“新建文本”按钮

图 6-57　调整文字的大小和位置

步骤 03 在“动画”选项卡的“入场动画”选项区中，❶ 选择“渐显”动画；❷ 拖曳蓝色滑块至 1.0s 的位置，如图 6-58 所示。

步骤 04 ❶切换至“出场动画”选项区；❷选择“溶解”动画；❸拖曳红色滑块至2.0s的位置，如图6-59所示。

图 6-58　拖曳蓝色滑块

图 6-59　拖曳红色滑块

步骤 05 点击✓按钮返回，即可添加文本内容并调整时长，如图6-60所示。

步骤 06 ❶在画中画轨道中添加一个消散粒子素材；❷点击“混合模式”按钮，如图6-61所示。

步骤 07 在“混合模式”面板中，❶选择“滤色”选项；❷调整素材的位置、大小和角度，如图6-62所示。

图 6-60　调整文本时长

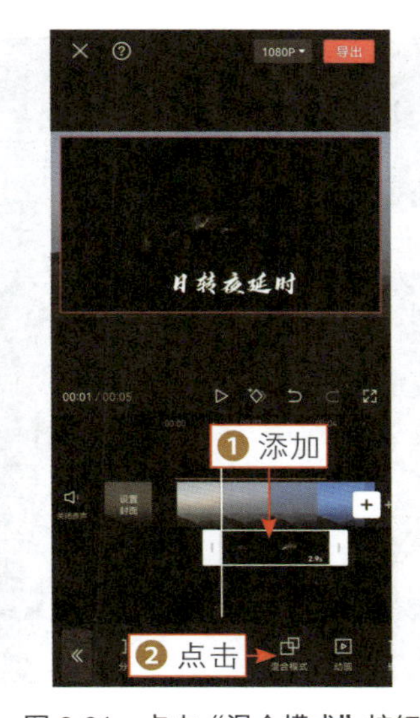

图 6-61　点击“混合模式”按钮

图 6-62　调整粒子素材

058 文字跟踪，人走字出效果

扫码看案例效果

扫码看教学视频

【效果展示】：文字跟踪特效主要是让文字跟着人物的运动轨迹渐渐出现，因此最好选择人物走路的视频素材，效果如图6-63所示。

图 6-63　文字跟踪效果展示

下面介绍在剪映App中制作文字跟踪效果的操作方法。

步骤 01 在剪映App的“素材库”界面中，❶选择一段黑场素材；❷点击“添加”按钮，如图6-64所示。

步骤 02 将黑场素材添加到视频轨道中并调整时长，如图6-65所示。

图 6-64　点击“添加”按钮

图 6-65　调整黑场素材

步骤 03 点击“新建文本”按钮，❶ 输入文字内容；❷ 选择一款字体，如图 6-66 所示。

步骤 04 点击✓按钮返回，❶调整文本的时长与黑场素材的时长一致；❷点击“导出”按钮，如图6-67所示，导出文字素材备用。

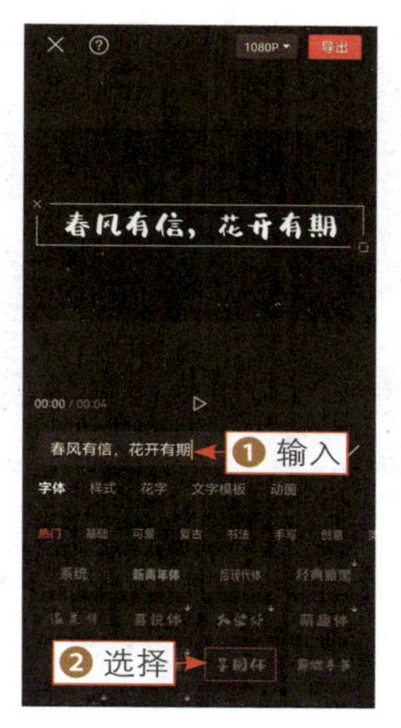

图 6-66　选择一款字体

图 6-67　点击“导出”按钮

步骤 05 新建一个草稿文件，❶ 在视频轨道中导入人物走路的视频素材；❷ 在画中画轨道中添加前面导出的文字素材，如图 6-68 所示，将两段素材时长调整一致。

步骤 06 ❶选择文字素材；❷点击“混合模式”按钮，如图6-69所示。

图 6-68　添加两段素材

图 6-69　点击“混合模式”按钮

步骤 07 在“混合模式”面板中，❶选择“滤色”选项；❷调整文字的位置，如图6-70所示。

步骤 08 ❶拖曳时间轴至人物出现的位置；❷点击◇按钮添加关键帧；❸点击“蒙版”按钮，如图6-71所示。

步骤 09 ❶选择“线性”蒙版；❷调整蒙版的角度和位置，如图6-72所示，使蒙版贴着人物的后背。

图 6-70　调整文字的位置

图 6-71　点击“蒙版”按钮

步骤 10 ❶向后拖曳时间轴；❷调整蒙版的位置，如图6-73所示，露出文字。

步骤 11 用同样的方法，不断拖曳时间轴和蒙版，直到最后露出所有文字，如图6-74所示。

图 6-72　调整蒙版的角度和位置

图 6-73　调整蒙版的位置（1）

图 6-74　调整蒙版的位置（2）

059　穿越文字，让人穿过文字

扫码看案例效果

扫码看教学视频

【效果展示】：人物穿过文字效果主要运用剪映App中的“智能抠像”功能制作而成，让人物从文字中间穿越过去，走到文字的前面，效果如图6-75所示。

图 6-75　穿越文字效果展示

下面介绍在剪映App中制作穿越文字的操作方法。

步骤 01 在剪映中，❶导入一个黑色背景的文字素材和一段人物向前走的视频素材；❷选择文字素材；❸点击“切画中画”按钮，如图6-76所示。

步骤 02 将文字切入画中画轨道中后，点击“混合模式”按钮，如图 6-77 所示。

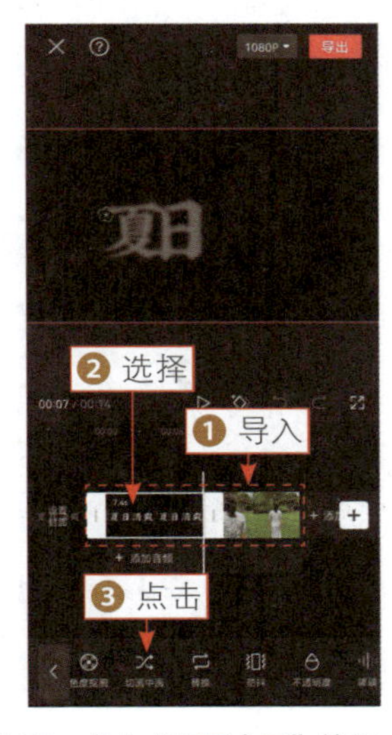

图 6-76　点击“切画中画”按钮（1）

图 6-77　点击“混合模式”按钮

步骤 03 在“混合模式”面板中，选择“滤色”选项，如图6-78所示，去除素材中的黑色。

步骤 04 ①选择人物视频素材；②点击“复制”按钮，如图6-79所示，复制视频素材。

图 6-78　选择“滤色”选项

图 6-79　点击“复制”按钮

步骤 05 ①选择第1段视频素材；②点击“切画中画”按钮，如图6-80所示。

步骤 06 执行操作后，即可将视频切换至画中画轨道中，如图6-81所示。

图 6-80　点击“切画中画”按钮（2）

图 6-81　切换视频至画中画轨道

步骤 07 ❶选择画中画轨道中的人物视频素材；❷点击“智能抠像”按钮，如图6-82所示，抠取人像。

步骤 08 执行操作后，调整抠取的人物素材时长为3.0s，如图6-83所示。

图 6-82　点击“智能抠像”按钮

图 6-83　调整抠取的人物素材时长

060　电影片头，上下开幕效果

扫码看案例效果

扫码看教学视频

【效果展示】：在剪映App的“文字模板”素材库中有很多“片头标题”文字模板，通过更改模板中的文字内容就能轻松制作电影开幕片头，效果如图6-84所示。

图 6-84　电影片头效果展示

下面介绍在剪映App中制作电影片头的操作方法。

步骤01 ❶在剪映中导入一段电影上下开幕的视频素材；❷点击“文字”→“文字模板”按钮，如图6-85所示。

步骤02 在“文字模板”选项卡中，选择一款片头标题模板，如图6-86所示。

图6-85 点击“文字模板”按钮

图6-86 选择一款片头标题模板

步骤03 修改文字内容，如图6-87所示。

步骤04 ❶点击⇅按钮，切换文字内容；❷修改拼音文本，如图6-88所示，执行操作后，调整文本结束的位置与视频结束的位置对齐。

图6-87 修改文字内容

图6-88 修改拼音文本

061　综艺片头，飞机拉泡泡开场

扫码看案例效果

扫码看教学视频

【效果展示】：飞机拉泡泡开场适用于户外真人秀等综艺类节目。制作飞机拉泡泡开场效果，需要准备一个飞机飞行拉泡泡的视频素材，利用“滤色”混合模式将其与背景视频进行合成，在泡泡即将消失的位置添加节目名称，效果如图6-89所示。

图 6-89　综艺片头效果展示

下面介绍在剪映App中制作综艺片头的操作方法。

步骤 01 ❶在视频轨道导入一个海岛视频素材；❷在画中画轨道中添加一个飞机拉泡泡的素材，如图6-90所示。

步骤 02 ❶ 选择飞机拉泡泡素材；❷ 点击“混合模式”按钮，如图 6-91 所示。

步骤 03 在“混合模式”面板中，❶选择“滤色”选项；❷调整飞机拉泡泡素材的大小和位置，如图6-92所示。

步骤 04 ❶拖曳时间轴至泡

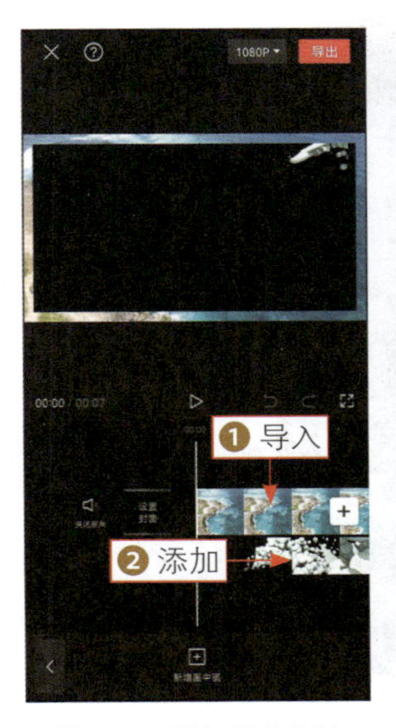

图 6-90　添加两个素材

图 6-91　点击“混合模式”按钮

泡即将消失的位置；❷点击“文字”|“新建文本”按钮，如图6-93所示。

图 6-92　调整素材的大小和位置

图 6-93　点击“新建文本”按钮

步骤 05 在文字编辑界面中，❶输入综艺片名；❷选择一款合适的字体，如图6-94所示。

步骤 06 在“样式”选项卡中，选择一种与海水颜色相近的颜色，如图 6-95所示。

图 6-94　选择一款合适的文字

图 6-95　选择一种颜色

步骤 07 在“描边”选项区中，选择白色，如图6-96所示。

步骤 08 在“动画”选项卡中，选择“溶解”入场动画，如图6-97所示。

图 6-96　选择白色

图 6-97　选择“溶解”入场动画

062　专属片尾，制作简单有个性

扫码看案例效果

扫码看教学视频

【效果展示】：简单有个性的片尾能为视频引流，增加关注和粉丝量，在剪映App中就能制作出专属于自己的个性片尾，效果如图6-98所示。

图 6-98　专属片尾效果展示

下面介绍在剪映App中制作专属片尾的操作方法。

步骤 01 ❶在视频轨道导入一个片尾视频素材；❷点击"文字"|"文字模板"按钮，如图6-99所示。

步骤 02 在"文字模板"选项卡的"互动引导"选项区中，❶选择一个文字模板；❷调整文字的位置和大小，如图6-100所示。

图 6-99　点击"文字模板"按钮

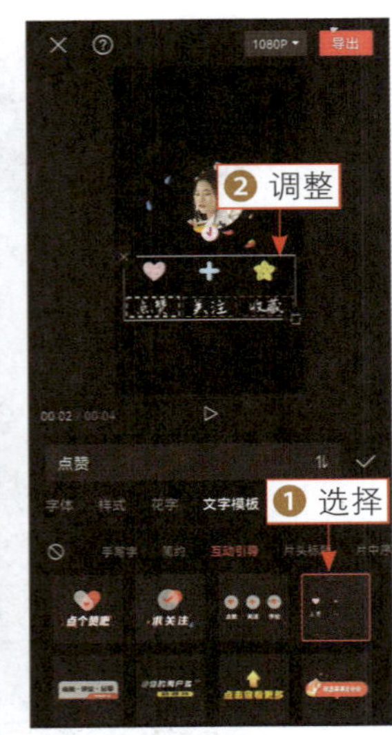

图 6-100　调整文字的位置和大小

063　影视片尾，上滑黑屏滚动

扫码看案例效果

扫码看教学视频

【效果展示】：画面上滑黑屏滚动效果是指在电影或电视剧结尾时，影片画面向上滑动，使屏幕呈现黑屏状态，与此同时，工作人员或演职人员的名单也会随着影片画面上滑滚动，效果如图6-101所示。

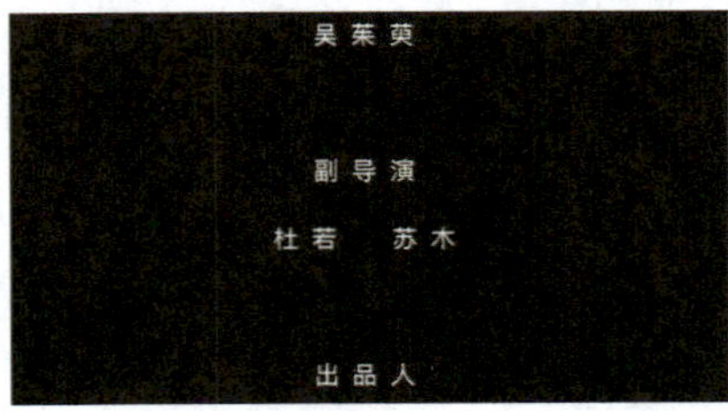

图 6-101　影视片尾效果展示

下面介绍在剪映App中制作影视片尾的操作方法。

步骤 01 在剪映App的“素材库”界面中，❶选择一段黑场素材；❷点击“添加”按钮，如图6-102所示，将黑场素材添加到视频轨道中，并设置画布比例为9∶16。

步骤 02 执行操作后，调整黑场素材的时长，如图6-103 所示。

步骤 03 新建一个文本，❶输入片尾字幕内容；❷调整文字的大小和位置，如图 6-104 所示。

图 6-102　点击“添加”按钮

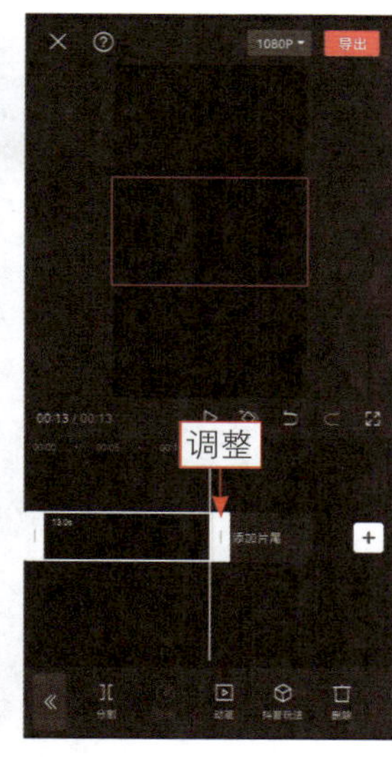

图 6-103　调整黑场素材的时长

步骤 04 点击按钮返回，❶调整文本的时长与黑场素材的时长一致；❷点击“导出”按钮，如图6-105所示，导出文字素材备用。

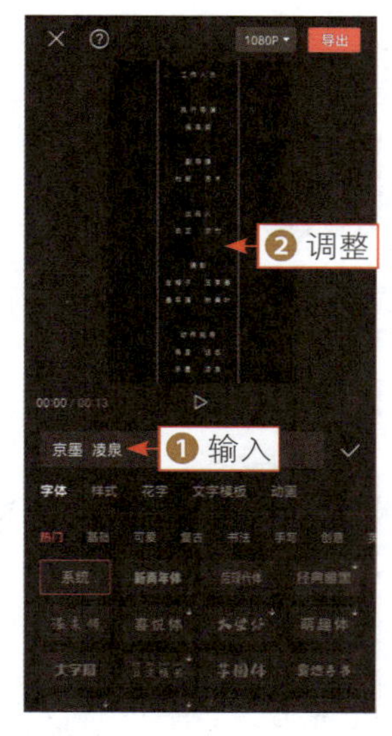

图 6-104　调整文字的大小和位置

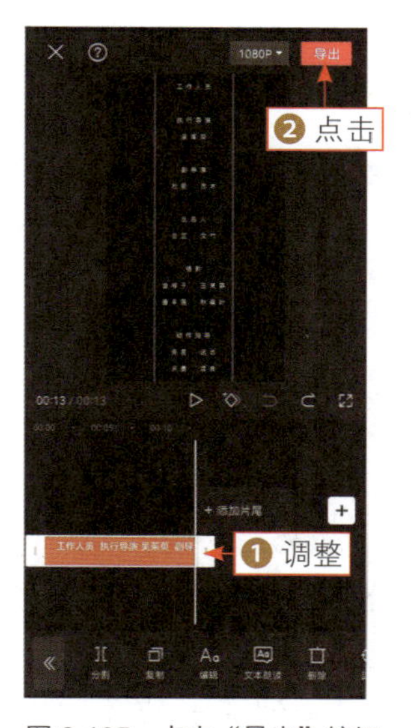

图 6-105　点击“导出”按钮

步骤 05 新建一个草稿文件，❶在视频轨道中导入视频素材；❷拖曳时间轴至00:02的位置；❸点击按钮添加关键帧，如图6-106所示。

步骤 06 ❶拖曳时间轴至00:04的位置；❷将视频向上拖出画面；❸视频缩

略图上会自动添加第2个关键帧，以制作视频向上滑动效果，如图6-107所示。

图 6-106　点击关键帧按钮（1）

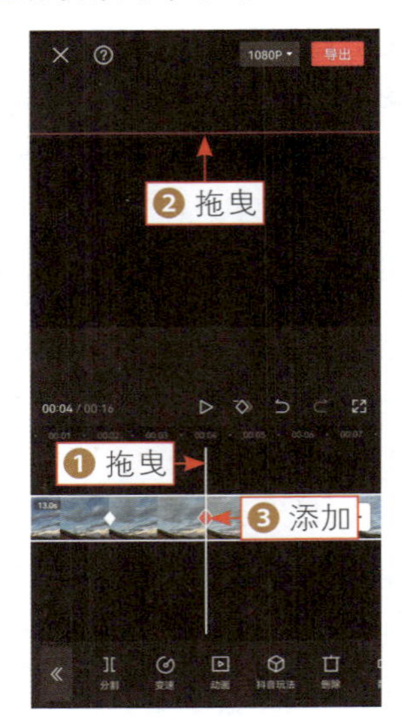

图 6-107　添加第 2 个关键帧

步骤07 ①拖曳时间轴至00:03的位置；②在画中画轨道中添加前面导出的文字素材；③点击“混合模式”按钮，如图6-108所示。

步骤08 在“混合模式”面板中，①选择“滤色”选项；②调整文字的大小和位置，将文字素材向下移出画面，如图6-109所示。

图 6-108　点击“混合模式”按钮

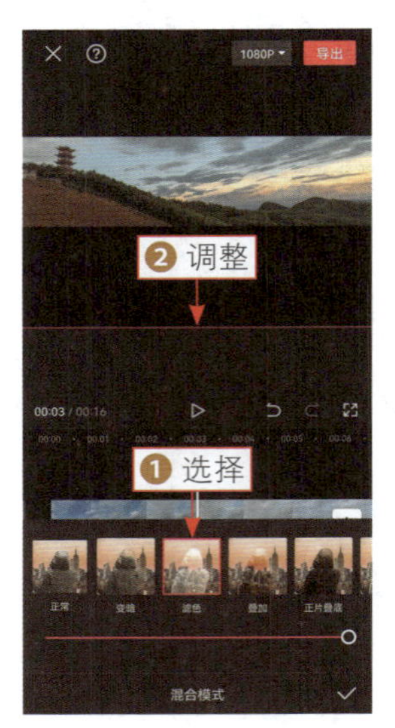

图 6-109　点击关键帧按钮（2）

步骤09 点击✓按钮返回，点击◇按钮，如图 6-110 所示，添加一个关键帧。

步骤 10 ❶拖曳时间轴至视频结束的位置；❷将文字素材向上拖曳，移出画面；❸在文字素材上自动添加一个关键帧，如图6-111所示。

图 6-110　点击关键帧按钮（3）

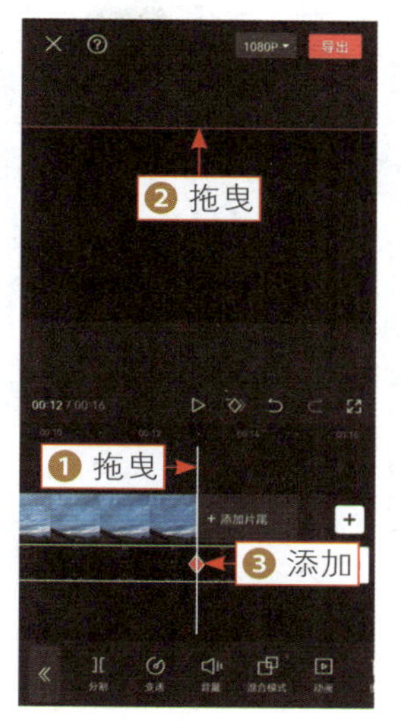

图 6-111　自动添加一个关键帧

步骤 11 返回一级工具栏，点击“文字”按钮，在二级工具栏中，点击“文字模板”按钮，如图6-112所示。

步骤 12 进入“文字模板”选项卡，在“片尾谢幕”选项区中，❶选择一款文字模板；❷修改文字内容，如图6-113所示。执行上述操作后，即可完成上滑黑屏片尾字幕的制作。

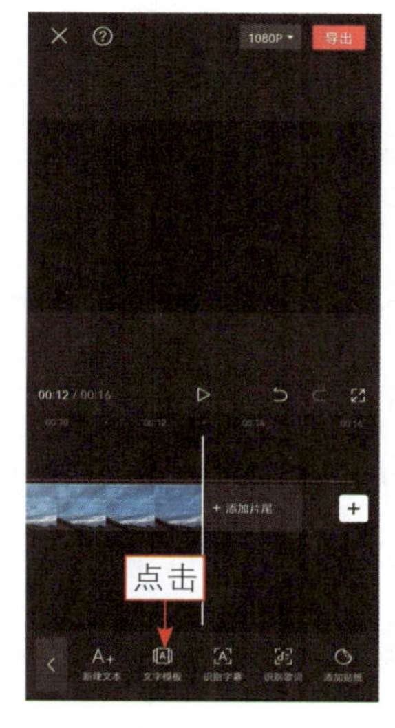

图 6-112　点击“文字模板”按钮

图 6-113　修改文字内容

第 7 章　8 个配音技巧：让短视频更有灵魂

本章要点：

音频是短视频中非常重要的元素，选择好的背景音乐或者语音旁白，能够让你的作品不费吹灰之力就上热门。本章主要介绍为短视频配音的技巧，包括添加音乐、添加音效、提取音乐、录制语音、抖音收藏、淡入淡出、音频变速及音频变声等 8 种技巧，帮助大家快速学会音频后期处理。

064　添加音乐，提高视频视听享受

扫码看案例效果

扫码看教学视频

【效果展示】：剪映App为用户提供了非常丰富的背景音乐曲库，而且还有十分细致的分类，用户可以根据自己的视频内容或主题来快速选择合适的背景音乐。视频效果如图7-1所示。

图 7-1　视频效果展示

下面介绍在剪映App中为短视频添加音乐的操作方法。

步骤 01 ❶在剪映App中导入一段素材；❷点击“关闭原声”按钮，将原声关闭，如图7-2所示。

步骤 02 点击“音频”按钮，如图7-3所示。

图 7-2　点击“关闭原声”按钮

图 7-3　点击“音频”按钮

步骤 03 在二级工具栏中，点击“音乐”按钮，如图7-4所示。

步骤 04 选择相应的音乐类型，例如选择“动感”选项卡，如图7-5所示。

步骤 05 在音乐列表中选择合适的背景音乐，即可进行试听，点击“使用”按钮，如图7-6所示。

步骤 06 执行操作后，即可将音乐添加到音频轨道中，向右拖曳白色拉杆至00:01左右的位置，调整音乐的开始片段，如图7-7所示，执行操作后，拖曳音乐至顶端与视频对齐。

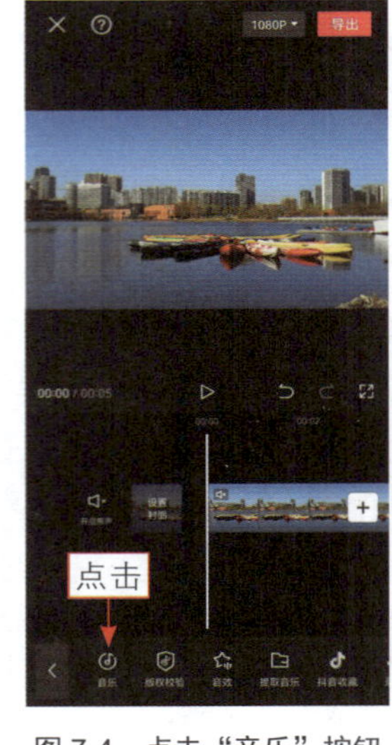

图7-4　点击“音乐”按钮

图7-5　选择“动感”选项卡

图7-6　点击“使用”按钮

图7-7　拖曳白色拉杆

步骤 07 ❶将时间轴拖曳至视频素材结束的位置；❷点击“分割”按钮，如图7-8所示。

步骤 08 ❶选择分割后多余的音乐片段；❷点击“删除”按钮，如图7-9所示，将多余的片段删除。

图 7-8　点击“分割”按钮

图 7-9　点击“删除”按钮

065　添加音效，增强画面的感染力

扫码看案例效果

扫码看教学视频

【效果展示】：剪映App还为用户提供了很多有趣的音效，用户可以根据短视频的情境来添加音效，添加音效后可以让画面更有感染力。视频效果如图7-10所示。

图 7-10　视频效果展示

下面介绍在剪映App中给短视频添加音效的操作方法。

步骤 01 ❶ 在剪映中导入一段素材；❷ 点击“添加音频”按钮，如图 7-11 所示。

步骤 02 在二级工具栏中，点击“音效”按钮，如图7-12所示。

图 7-11　点击“添加音频”按钮

图 7-12　点击“音效”按钮

步骤 03 ❶切换至“环境音”选项卡；❷选择“海浪”选项，即可进行试听，如图7-13所示。

步骤 04 点击“使用”按钮，即可将其添加到音效轨道中，如图7-14所示。

图 7-13　选择“海浪”选项

图 7-14　添加音效

步骤 05 ❶将时间轴拖曳至视频素材结束的位置；❷点击“分割”按钮，如

图7-15所示。

步骤 06 ❶选择分割后多余的音效片段；❷点击“删除”按钮，如图7-16所示。

图 7-15　点击“分割”按钮

图 7-16　点击“删除”按钮

066　提取音乐，更快速地添加音乐

扫码看案例效果

扫码看教学视频

【效果展示】：如果用户看到其他背景音乐好听的短视频，可以将其保存到手机上，并通过剪映App来提取短视频中的背景音乐，将其用到自己的短视频中。视频效果如图7-17所示。

图 7-17　视频效果展示

下面介绍从短视频中提取背景音乐的操作方法。

步骤 01 在剪映 App 中导入一段素材，点击“音频”按钮，如图 7-18 所示。

步骤 02 点击“提取音乐”按钮，如图7-19所示。

步骤 03 进入“照片视频”界面，❶选择需要提取背景音乐的短视频；❷点击“仅导入视频的声音”按钮，如图7-20所示。

步骤 04 执行操作后，即可提取音频，选择音频并拖曳其右侧的白色拉杆，调整其时长与视频时长一致，如图7-21所示。

图 7-18　点击“音频”按钮

图 7-19　点击“提取音乐”按钮

图 7-20　点击相应按钮

图 7-21　调整音频时长

★ 专家提醒 ★

在制作本书中的视频实例时，大家也可以采用从提供的效果视频中直接提取音乐的方法，快速给视频素材添加背景音乐。在音乐曲库中，如果用户听到了喜欢的音乐，可以点击☆图标，将其收藏起来，待下次剪辑视频时可以在“收藏”列表中快速选择该背景音乐。

步骤05 ❶选择视频素材；❷点击“音量”按钮，如图7-22所示。

步骤06 进入“音量”面板，拖曳滑块，将视频音量设置为0，如图7-23所示。

图7-22　点击“音量”按钮（1）

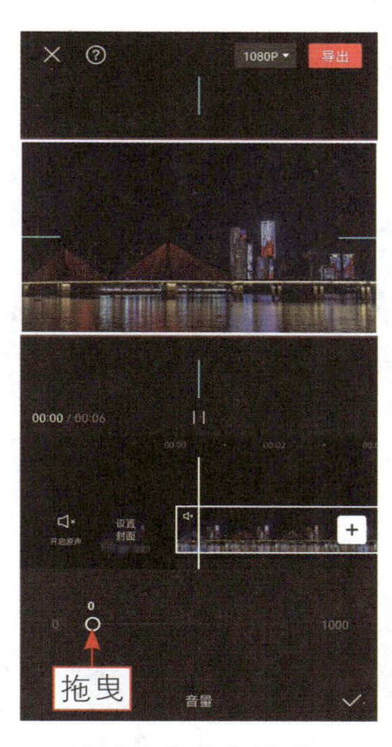

图7-23　设置音量（1）

步骤07 ❶选择音频素材；❷点击“音量”按钮，如图7-24所示。

步骤08 进入“音量”面板，拖曳滑块，将其音量设置为200，如图7-25所示。

图7-24　点击“音量”按钮（2）

图7-25　设置音量（2）

067 抖音收藏，直接添加抖音音乐

扫码看案例效果

扫码看教学视频

【效果展示】：因为剪映App是抖音官方推出的一款手机视频剪辑软件，所以使用它可以直接为自己的作品添加在抖音收藏的背景音乐。视频效果如图7-26所示。

图 7-26 视频效果展示

下面介绍使用剪映App添加在抖音收藏的背景音乐的操作方法。

步骤 01 ❶ 在剪映 App 中导入一段素材；❷ 点击“关闭原声”按钮，将原声关闭，如图 7-27 所示。

步骤 02 在工具栏中，点击“音频”|“抖音收藏”按钮，如图 7-28 所示。

步骤 03 点击在抖音收藏的背景音乐，试听所选的背景音乐，如图 7-29 所示。

图 7-27 点击“关闭原声”按钮

图 7-28 点击“抖音收藏”按钮

步骤 04 点击“使用”按钮，将背景音乐添加到音频轨道中，并调整音频时长，如图 7-30 所示。

图 7-29　点击背景音乐

图 7-30　调整音频时长

068　录制语音，为短视频添加旁白

扫码看案例效果

扫码看教学视频

【效果展示】：语音旁白是短视频中必不可少的一个元素，用户可以通过剪映App中的“录音”功能为短视频录制旁白。视频效果如图7-31所示。

图 7-31　视频效果展示

下面介绍使用剪映App为短视频录制旁白的操作方法。

步骤 01 ❶在剪映App中导入一段素材；❷点击“音频”按钮，如图7-32所示。

步骤 02 在二级工具栏中，点击“录音”按钮，如图7-33所示。

图 7-32　点击“音频”按钮

图 7-33　点击“录音”按钮

步骤 03 进入录音界面，按住红色的录音键不放，即可开始录制语音旁白，如图7-34所示。

步骤 04 录制完成后，松开录音键，即可自动生成录音音频，如图7-35所示。

图 7-34　开始录音

图 7-35　自动生成录音音频

069　淡入淡出，让音乐不那么突兀

扫码看案例效果

扫码看教学视频

【效果展示】：淡入是指音乐开始响起的时候，声音会缓缓变大；淡出则是指音乐即将结束的时候，声音会渐渐消失。设置音频淡入淡出效果后，可以让短视频的背景音乐显得不那么突兀，给观众带来更加舒适的视听感。视频效果如图7-36所示。

图 7-36　视频效果展示

下面介绍在剪映App中为音频设置淡入淡出效果的操作方法。

步骤 01 在剪映App中，导入一段视频素材，如图7-37所示。

步骤 02 在音频轨道中，添加一段背景音乐，如图7-38所示。

图 7-37　导入一段视频素材

图 7-38　添加一段背景音乐

步骤 03 ❶选择音频；❷点击工具栏中的“淡化”按钮，如图7-39所示。

步骤 04 进入“淡化”面板，拖曳“淡入时长”右侧的白色圆环滑块，将

“淡入时长”参数设置为1s，如图7-40所示。

图 7-39　点击“淡化”按钮

图 7-40　拖曳“淡入时长”滑块

步骤 05 拖曳“淡出时长”右侧的白色圆环滑块，将“淡出时长”参数设置为1s，如图7-41所示。

步骤 06 点击✓按钮完成，音频开始位置和结束位置显示的音量音波都有所下降，如图7-42所示。

图 7-41　拖曳“淡出时长”滑块

图 7-42　音量下降

070　变速处理，让音乐随视频变化

扫码看案例效果

扫码看教学视频

【效果展示】：使用剪映App可以对音频的播放速度进行放慢或加快等变速处理，从而制作出一些特殊的背景音乐。视频效果如图7-43所示。

图 7-43　视频效果展示

下面介绍在剪映App中对音频进行变速处理的操作方法。

步骤 01 在剪映App中，导入一段视频素材，如图7-44所示。

步骤 02 在音频轨道中，添加一段背景音乐，如图7-45所示。

图 7-44　导入一段视频素材

图 7-45　添加一段背景音乐

步骤 03 ❶选择音频；❷点击工具栏中的“变速”按钮，如图7-46所示。

步骤 04 进入“变速”面板，显示默认的音频播放倍速为1×，如图7-47所示。

图 7-46　点击“变速”按钮

图 7-47　显示音频默认播放速度

步骤 05 ❶向左拖曳红色圆环滑块；❷即可增加音频时长，如图7-48所示。

步骤 06 ❶向右拖曳红色圆环滑块；❷即可缩短音频时长，如图7-49所示。

图 7-48　向左拖曳红色圆环滑块

图 7-49　向右拖曳红色圆环滑块

步骤 07 ❶将时间轴拖曳至视频素材结束的位置；❷点击“分割”按钮，如图7-50所示。

步骤 08 ❶选择分割后多余的音频片段；❷点击“删除”按钮，如图7-51所示。

图 7-50　点击“分割”按钮

图 7-51　点击“删除”按钮

071　变声处理，让声音变得更有趣

扫码看案例效果

扫码看教学视频

【效果展示】：在处理短视频的音频素材时，用户可以给其增加一些变声的特效，让声音效果变得更有趣。视频效果如图7-52所示。

图 7-52　视频效果展示

下面介绍在剪映App中对音频进行变声处理的操作方法。

步骤 01 在剪映App中，导入一段视频素材，如图7-53所示。

步骤 02 ❶选择视频素材；❷点击“音频分离”按钮，如图7-54所示。

步骤 03 执行操作后，即可将视频原声音频分离出来，如图7-55所示。

步骤 04 ❶选择分离的音频；❷点击“变声”按钮，如图7-56所示。

图 7-53　导入一段视频素材

图 7-54　点击“音频分离”按钮

图 7-55　分离视频原声音频

步骤 05 进入“变声”面板，其中显示了“女生”“男生”“麦霸”等多种声音音色，如图7-57所示。

步骤 06 ①切换至“搞笑”选项卡；②选择“花栗鼠”音色，如图7-58所示。点击✓按钮，即可对音频变声处理。

图 7-56　点击“变声”按钮

图 7-57　显示多种声音音色

图 7-58　选择“花栗鼠”音色

第 8 章　9 个卡点效果：制作热门动感视频

本章要点：

卡点视频是短视频中非常火爆的一种类型，其制作要点是把控好音频节奏，根据音乐的鼓点切换画面，其制作方法虽然简单，但效果却很好。本章将介绍自动踩点、手动踩点、缩放卡点、甩入卡点、变速卡点、3D 卡点、滤镜卡点及九宫格卡点等 9 个热门卡点案例的制作方法。

072 自动踩点，标出节拍点做卡点

扫码看案例效果

扫码看教学视频

【效果展示】："自动踩点"是剪映App中一个可以一键标出节拍点的功能，能够帮助用户快速制作出卡点视频，效果如图8-1所示。

图8-1 自动踩点视频效果展示

下面介绍在剪映App中使用"自动踩点"功能制作卡点短视频的操作方法。

步骤01 ❶在剪映中导入3张照片；❷并添加相应的背景音乐，如图8-2所示。

步骤02 ❶选择音频素材；❷点击"踩点"按钮，如图8-3所示。

图8-2 添加背景音乐

图8-3 点击"踩点"按钮

步骤03 进入"踩点"面板，❶点击"自动踩点"按钮；❷选择"踩节拍Ⅰ"选项，如图8-4所示。

步骤 04 点击✓按钮确认，即可在音乐鼓点的位置添加对应的节拍点，如图8-5所示。

图 8-4　选择“踩节拍 I ”选项

图 8-5　添加对应的节拍点

步骤 05 拖曳第1张照片右侧的白色拉杆，使其与音频上的第2个节拍点对齐，调整其时长，如图8-6所示。

步骤 06 用同样的方法，❶调整另外两张照片的时长；❷并删除多余的音频，如图8-7所示。

图 8-6　调整素材时长

图 8-7　删除多余的音频

步骤 07 ❶拖曳时间轴至起始位置；❷点击“特效”按钮，如图8-8所示。

步骤 08 点击“画面特效”按钮，进入特效素材库，❶切换至“金粉”选项卡；❷选择“冲屏闪粉”特效，如图 8-9 所示。

步骤 09 点击✓按钮返回，调整特效时长，使其与第1张照片的时长一致，如图8-10所示。

步骤 10 执行操作后，❶为其他两张照片添加同样的特效；❷选择照片；❸点击“动画”按钮，如图8-11所示。

图 8-8　点击“特效”按钮

图 8-9　选择“冲屏闪粉”特效

图 8-10　调整特效时长

图 8-11　点击“动画”按钮

步骤 11 在工具栏中，点击“入场动画”按钮，如图8-12所示。

步骤 12 在“入场动画”面板中，选择“雨刷”动画，如图8-13所示。用同样的方法为其他照片添加“雨刷”动画。

图 8-12　点击“入场动画”按钮

图 8-13　选择“雨刷”动画

073　手动踩点，视频画面丰富美观

扫码看案例效果

扫码看教学视频

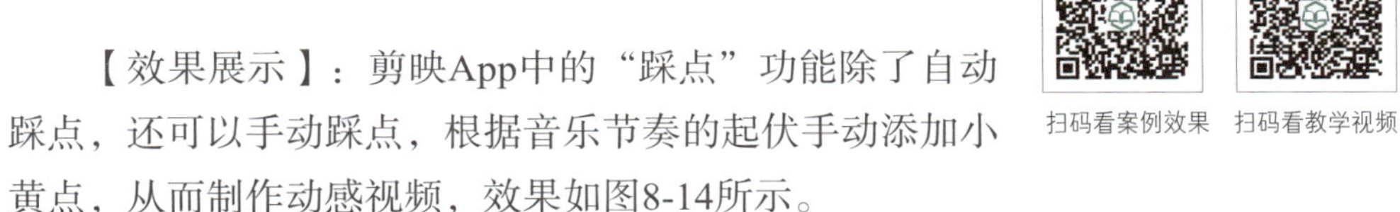

【效果展示】：剪映App中的“踩点”功能除了自动踩点，还可以手动踩点，根据音乐节奏的起伏手动添加小黄点，从而制作动感视频，效果如图8-14所示。

图 8-14　手动踩点视频效果展示

下面介绍在剪映App中通过手动踩点制作卡点视频的操作方法。

步骤 01 ❶在剪映App中导入8张照片；❷点击“音频”按钮，如图8-15所示。

步骤 02 ❶拖曳时间轴至开始的位置；❷点击“抖音收藏”按钮，如图8-16所示。

图 8-15　点击“音频”按钮（1）

图 8-16　点击“抖音收藏”按钮

步骤 03 进入“抖音收藏”选项卡，点击所选音乐右侧的“使用”按钮，如图8-17所示。

步骤 04 执行操作后，即可添加一段音频，如图8-18所示。

图 8-17　点击“使用”按钮（1）

图 8-18　添加一段音频

步骤 05 ❶选择音频；❷点击“踩点”按钮，如图8-19所示。

步骤 06 播放音频，在节奏鼓点的位置，点击“添加点”按钮，如图8-20所示。

图 8-19　点击“踩点”按钮

图 8-20　点击“添加点”按钮

步骤 07 执行操作后，即可在音频上添加多个节拍点，如图8-21所示，如果添加的节拍点位置不对，可以点击“删除点”按钮，将节拍点删除。

步骤 08 点击✓按钮，即可完成手动踩点操作，拖曳第1张照片右侧的白色拉杆，使其结束位置与第1个节拍点对齐，如图8-22所示。

图 8-21　添加多个节拍点

图 8-22　拖曳第 1 张照片右侧的白色拉杆

步骤 09 用与上面相同的方法，❶调整其他照片结束的位置，对齐各个节拍点；❷点击“音频”按钮，如图8-23所示。

步骤 10 打开二级工具栏，点击“音效”按钮，在音效素材库中，❶ 切换至“机械”选项卡；❷ 点击“拍照声 1”音效右侧的“使用”按钮，如图 8-24 所示。

图 8-23　点击“音频”按钮（2）

图 8-24　点击“使用”按钮（2）

步骤 11 执行操作后，即可添加“拍照声1”音效，调整音效位置，使音效结束的位置与第1个节拍点对齐，如图8-25所示。

步骤 12 ❶选择音效；❷点击“复制”按钮，如图8-26所示。

图 8-25　调整音效位置

图 8-26　点击“复制”按钮（1）

步骤 13 执行操作后，即可复制音效并调整音效位置，使音效结束的位置与第2个节拍点对齐，如图8-27所示。

步骤 14 用与上面相同的操作方法，复制多个音效并调整位置，如图 8-28 所示。

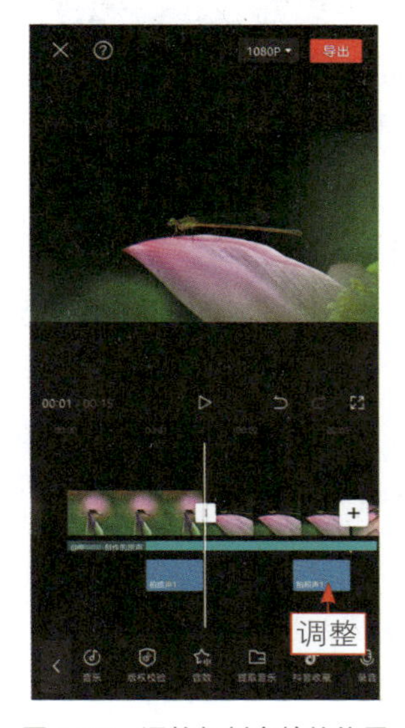

图 8-27　调整复制音效的位置

图 8-28　复制多个音效并调整位置

步骤 15 ❶选择第1张照片；❷点击“动画”按钮，如图8-29所示。

步骤 16 在工具栏中，点击“入场动画”按钮，如图8-30所示。

图 8-29　点击“动画”按钮

图 8-30　点击“入场动画”按钮

步骤 17 ❶选择“动感缩小”动画；❷设置动画时长为1.0s，如图8-31所示。

步骤 18 为其他照片添加“动感缩小”动画后，返回一级工具栏，在开始位置处点击“特效”按钮，如图8-32所示。

图 8-31　设置动画时长

图 8-32　点击“特效”按钮

步骤 19 打开工具栏，点击“画面特效”按钮，如图8-33所示。

步骤 20 在“边框”选项卡中，选择相应的特效，如图8-34所示。

图 8-33　点击“画面特效”按钮

图 8-34　选择相应的特效

步骤 21 点击✓按钮，❶即可添加边框特效；❷点击“作用对象”按钮，如图8-35所示。

步骤 22 在"作用对象"面板中，选择"全局"选项，使特效作用于全局画面，如图8-36所示。

图 8-35　点击"作用对象"按钮

图 8-36　选择"全局"选项

步骤 23 ❶调整特效结束的位置，使其稍微超过音效；❷点击"复制"按钮，如图8-37所示。

步骤 24 调整复制的特效时长和位置，如图8-38所示。

步骤 25 用与上面相同的方法，添加多个特效，如图8-39所示。

图 8-37　点击"复制"按钮（2）

图 8-38　调整复制的特效

图 8-39　添加多个特效

074 缩放卡点，画面的节奏感强烈

扫码看案例效果

扫码看教学视频

【效果展示】：缩放卡点效果是使用剪映App的“回弹伸缩”功能制作而成的，画面非常具有节奏感，效果如图8-40所示。

图 8-40　缩放卡点视频效果展示

下面介绍在剪映App中制作缩放卡点视频的操作方法。

步骤 01 ❶在剪映中导入11张照片；❷点击“音频”按钮，如图8-41所示。

步骤 02 ❶拖曳时间轴至开始的位置；❷点击“提取音乐”按钮，如图8-42所示。

步骤 03 在“照片视频”界面中，❶选择需要提取音乐的视频；❷点击“仅导入视频的声音”按钮，如图8-43所示。

图 8-41　点击“音频”按钮

图 8-42　点击“提取音乐”按钮

步骤 04 执行操作后，❶即可提取视频中的背景音乐；❷点击“踩点”按钮，如图8-44所示。

图 8-43　点击“仅导入视频的声音”按钮

图 8-44　点击“踩点”按钮

步骤 05 进入“踩点”面板，❶点击“自动踩点”按钮；❷选择“踩节拍Ⅱ”选项，如图8-45所示，即可添加音乐节拍点。

步骤 06 ❶拖曳时间轴至第1个节拍点；❷点击“删除点”按钮，如图8-46所示将节拍点删除。

图 8-45　添加音乐节拍点

图 8-46　点击“删除点”按钮

步骤 07 用与上面相同的方法，删除其他两个多余的节拍点，如图8-47所示。

步骤 08 点击✓按钮确认，调整第1张照片结束的位置，使其与第1个节拍点对齐，如图8-48所示。

图 8-47 删除其他两个多余的节拍点

图 8-48 调整照片结束的位置

步骤 09 调整其他照片结束的位置，使它们与各个节拍点对齐，如图 8-49 所示。

步骤 10 ❶选择第1张照片；❷点击“动画”按钮，如图8-50所示。

图 8-49 调整其他照片结束的位置

图 8-50 点击“动画”按钮

步骤 11 在工具栏中，点击“组合动画”按钮，如图8-51所示。

步骤 12 在“组合动画”面板中，选择“回弹伸缩”动画，如图8-52所示。

步骤 13 ❶ 拖曳时间轴至开始的位置；❷ 点击“特效”按钮，如图 8-53 所示。

图 8-51　点击“组合动画”按钮

图 8-52　选择“回弹伸缩”动画

图 8-53　点击“特效”按钮

步骤 14 在工具栏中，点击“画面特效”按钮，如图8-54所示。

步骤 15 在“金粉”选项卡中，选择“金粉”特效，如图8-55所示。

步骤 16 执行操作后，调整特效的时长，如图8-56所示。

图 8-54　点击“画面特效”按钮

图 8-55　选择“金粉”特效

图 8-56　调整特效的时长

075 甩入卡点，动感炫酷具有创意

扫码看案例效果

扫码看教学视频

【效果展示】：甩入卡点视频是使用剪映App的滤镜和“甩入动画”效果制作而成的，画面极具动感和创意性，效果如图8-57所示。

图 8-57 甩入卡点视频效果展示

下面介绍使用剪映App制作甩入卡点视频的具体操作方法。

步骤 01 ❶在剪映中导入一张照片；❷点击“音频”按钮，如图8-58所示。

步骤 02 ❶拖曳时间轴至开始的位置；❷点击“提取音乐”按钮，如图8-59所示。

图 8-58　点击“音频”按钮

图 8-59　点击“提取音乐”按钮

步骤 03 在“照片视频”界面中，❶选择需要提取音乐的视频；❷点击“仅导入视频的声音”按钮，如图8-60所示。

步骤 04 执行操作后，❶即可添加一段音频；❷调整照片素材的时长与音频时长一致，如图8-61所示。

图 8-60　点击“仅导入视频的声音”按钮

图 8-61　调整照片素材的时长

步骤 05 ❶选择音频；❷点击“踩点”按钮，如图8-62所示。

步骤 06 ❶拖曳时间轴至节奏鼓点的位置；❷点击“添加点”按钮，如

图8-63所示，添加一个节拍点。

图 8-62　点击“踩点”按钮

图 8-63　点击“添加点”按钮

步骤 07 用与上面相同的方法，在音频上再次添加4个节拍点，如图8-64所示。

步骤 08 点击✓按钮确认，❶拖曳时间轴至第5个节拍点的位置；❷选择照片；❸点击“分割”按钮，如图8-65所示，分割素材。

图 8-64　再添加 4 个节拍点

图 8-65　点击“分割”按钮

步骤 09 ❶选择第1段素材；❷点击“复制”按钮，如图8-66所示。

步骤 10 ❶选择复制的素材；❷点击“切画中画”按钮，如图8-67所示。

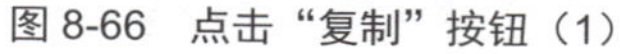
图 8-66　点击“复制”按钮（1）

图 8-67　点击“切画中画”按钮

步骤 11 将复制的素材切换至画中画轨道中后，拖曳素材至第1个节拍点的位置，如图8-68所示。

步骤 12 ❶选择画中画轨道中的素材；❷点击“复制”按钮，如图8-69所示。

图 8-68　拖曳素材的位置

图 8-69　点击“复制”按钮（2）

步骤 13 拖曳再次复制的素材至第2条画中画轨道中，并对齐第2个节拍点的位置，如图8-70所示。

步骤 14 用相同的方法，分别在第3条和第4条画中画轨道中添加复制的素材，并对齐第3个和第4个节拍点，如图8-71所示。

图 8-70　拖曳再次复制的素材

图 8-71　再次复制两段素材并调整位置

步骤 15 选择第1段画中画素材，调整其结束的位置与第5个节拍点对齐，如图8-72所示。

步骤 16 用相同的方法，调整其他画中画素材的时长，如图8-73所示。

图 8-72　调整第 1 段画中画素材结束的位置

图 8-73　调整其他画中画素材的时长

步骤 17 ❶选择第1段画中画素材；❷在预览区域中适当缩小素材画面，如图8-74所示。

步骤 18 ❶选择第2段画中画素材；❷在预览区域中适当缩小素材画面；❸点击“滤镜”按钮，如图8-75所示。

图 8-74　缩小第 1 段画中画素材

图 8-75　点击“滤镜”按钮

步骤 19 ❶切换至“黑白”选项卡；❷选择“牛皮纸”滤镜，如图8-76所示。

步骤 20 用相同的操作方法，❶缩小第3段画中画素材的画面大小；❷并为其选择“风格化”选项卡中的“绝对红”滤镜，如图8-77所示。

图 8-76　选择“牛皮纸”滤镜

图 8-77　选择“绝对红”滤镜

步骤21 ❶返回缩小第4段画中画素材的画面大小；❷依次点击“动画”按钮和“入场动画”按钮，如图8-78所示。

步骤22 在“入场动画”面板中，选择“向下甩入”动画，如图8-79所示。用相同的方法，为第1段画中画素材添加“向下甩入”入场动画、为第2段画中画素材添加“向左下甩入”入场动画、为第3段画中画素材添加“向右甩入”入场动画。

图8-78 点击“入场动画”按钮

图8-79 选择“向下甩入”动画

步骤23 ❶选择视频轨道中的第2段素材；❷在工具栏中点击“动画”按钮，如图8-80所示。

步骤24 打开动画工具栏，点击“组合动画”按钮，如图8-81所示。

图8-80 点击“动画”按钮

图8-81 点击“组合动画”按钮

步骤25 在“组合动画”面板中，选择“百叶窗Ⅱ”动画，如图8-82所示。

步骤26 返回一级工具栏，❶拖曳时间轴至第5个节拍点的位置；❷点击“特效”按钮和“画面特效”按钮，如图8-83所示。

图 8-82　选择“百叶窗 Ⅱ”动画

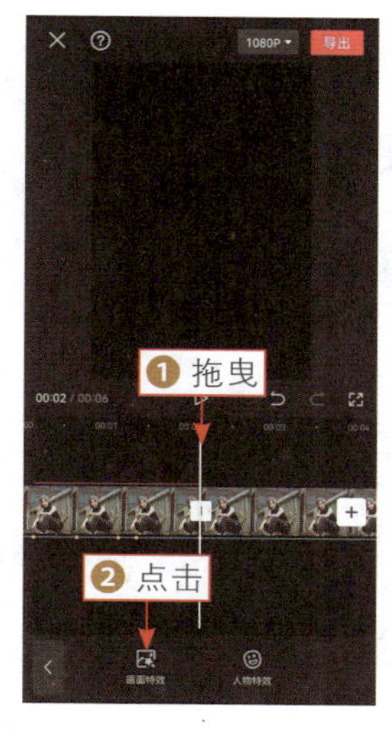

图 8-83　点击“画面特效”按钮

步骤 27 ❶切换至“光”选项卡；❷选择“胶片漏光”特效，如图8-84所示。

步骤 28 点击✓按钮返回，调整特效的时长，如图8-85所示。

图 8-84　选择“胶片漏光”特效

图 8-85　调整特效的时长

076　变速卡点，车流忽快忽慢效果

扫码看案例效果　扫码看教学视频

【效果展示】：用户运用“常规变速”功能和卡点音乐对视频进行分割变速操作，可以制作出变速卡点效果，使车流速度忽快忽慢，效果如图8-86所示。

图 8-86　变速卡点视频效果展示

下面介绍在剪映App中制作变速卡点视频的操作方法。

步骤 01 在剪映中导入一段视频素材，添加合适的卡点音乐，❶选择音频；❷点击“踩点”按钮，如图8-87所示。

步骤 02 在弹出的“踩点”面板中，❶点击“自动踩点”按钮；❷选择“踩节拍Ⅰ”选项，如图8-88所示。

图 8-87　点击“踩点”按钮

图 8-88　选择“踩节拍Ⅰ”选项

步骤 03 ❶选择视频素材；❷点击“变速”按钮，如图8-89所示。

步骤 04 在变速工具栏中点击“常规变速”按钮，弹出“变速”面板，拖曳滑块，设置“变速”参数为0.5×，如图8-90所示，减慢视频的播放速度。

图 8-89　点击“变速”按钮（1）

图 8-90　设置“变速”参数（1）

步骤 05 ❶拖曳时间轴至第1个小黄点的位置；❷点击“分割”按钮，如图8-91所示，分割素材。

步骤 06 依次点击“变速”按钮和“常规变速”按钮，如图8-92所示。

图 8-91　点击“分割”按钮

图 8-92　点击“常规变速”按钮

步骤 07 在弹出的“变速”面板中，设置“变速”参数为4.0×，如图8-93所示，加快视频的播放速度。

步骤 08 拖曳时间轴至第 2 个小黄点的位置，如图 8-94 所示，对素材进行分割。

图 8-93　设置“变速”参数（2）

图 8-94　拖曳时间轴

步骤 09 依次点击“变速”按钮和“常规变速”按钮，在弹出的“变速”面板中设置“变速”参数为0.5×，如图8-95所示，再次将视频的播放速度调慢。

步骤 10 ❶拖曳时间轴至第3个小黄点的位置；❷对素材进行分割并点击“变速”按钮，如图8-96所示，打开变速工具栏。

图 8-95　设置“变速”参数（3）

图 8-96　点击“变速”按钮（2）

步骤 11 点击“常规变速”按钮，设置“变速”参数为 4.0×，如图 8-97 所示。

步骤 12 调整最后一段视频的时长，使其结束位置与音频的结束位置对齐，如图8-98所示。

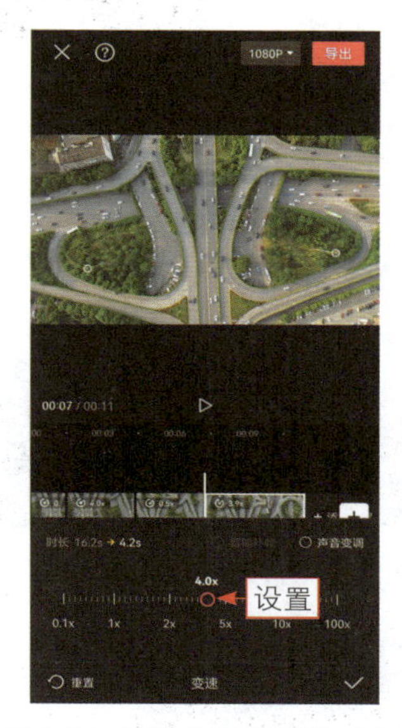

图 8-97　设置“变速”参数（4）

图 8-98　调整最后一段视频的时长

步骤 13 ❶选择第1段素材；❷点击“滤镜”按钮，如图8-99所示。

步骤 14 在“滤镜”选项卡中，❶切换至“黑白”选项区；❷选择“蓝调”滤镜，如图8-100所示。用与上面相同的方法，为第3段素材添加“蓝调”滤镜。

图 8-99　点击“滤镜”按钮

图 8-100　选择“蓝调”滤镜

077 渐变卡点，黑白转为彩色效果

扫码看案例效果

扫码看教学视频

【效果展示】：渐变卡点视频是短视频卡点类型中比较热门的一种，视频画面会随着音乐的节奏从黑白色渐变为有颜色的画面，主要使用剪映的“踩点”功能和“变彩色”特效，制作出色彩渐变卡点短视频，效果如图8-101所示。

图 8-101　渐变卡点视频效果展示

下面介绍在剪映App中制作渐变卡点视频的操作方法。

步骤 01 ❶在剪映App中导入4段视频素材；❷并添加相应的卡点背景音乐，如图8-102所示。

步骤 02 ❶ 选择音频轨道中的音乐；❷ 点击“踩点”按钮，如图 8-103 所示。

步骤 03 进入“踩点”面板，❶将时间轴拖曳至音乐鼓点的位置；❷点击“添加点”按钮，如图8-104所示。

图 8-102　添加背景音乐

图 8-103　点击“踩点”按钮

步骤 04 执行操作后，即可添加一个节拍点，如图8-105所示。

图 8-104　点击“添加点”按钮

图 8-105　添加一个节拍点

步骤 05 用与上面相同的方法，在音频的其他鼓点位置继续添加2个节拍点，如图8-106所示。

步骤 06 点击✓按钮完成手动踩点，调整第1段视频素材的结束位置与第1个节拍点的位置对齐，如图8-107所示。

图 8-106　添加 2 个节拍点

图 8-107　调整素材的结束位置

步骤 07 用与上面相同的方法，调整后面每段视频素材的时长，如图 8-108 所示。

步骤 08 ❶拖曳时间轴至开始位置处；❷点击工具栏中的“特效”|“画面特效”按钮，如图8-109所示。

图 8-108　调整每段视频素材的时长

图 8-109　点击“画面特效”按钮

步骤 09 在“基础”选项卡中，选择“变彩色”特效，如图8-110所示。

步骤 10 点击✓按钮添加特效，❶调整特效的时长与第1段视频素材的时长一致；❷点击工具栏中的“复制”按钮，如图8-111所示。

图 8-110　选择“变彩色”特效

图 8-111　点击“复制”按钮

步骤 11 执行操作后，即可复制一个特效，调整第2个特效的时长与第2段视频素材的时长一致，如图8-112所示。

步骤 12 使用与上面相同的操作方法，在第 3 段视频素材和第 4 段视频素材的下方，添加两个“变彩色”特效，并调整特效时长与素材的时长一致，如图 8-113 所示。

图 8-112　调整特效时长

图 8-113　添加并调整特效时长

078　3D卡点，希区柯克立体人像

扫码看案例效果

扫码看教学视频

【效果展示】：3D卡点也叫希区柯克卡点，能让照片中的人物在背景变焦中动起来，视频效果非常立体，效果如图8-114所示。

图 8-114　3D 卡点视频效果展示

下面介绍在剪映App中制作3D卡点视频的操作方法。

步骤01 在剪映App中导入4张照片素材，如图8-115所示。

步骤02 ❶选择第1张照片素材；❷点击“抖音玩法”按钮，如图8-116所示。

图8-115　导入4张照片素材

图8-116　点击“抖音玩法”按钮

步骤03 进入“抖音玩法”面板，选择“3D运镜”效果，如图8-117所示，并为剩下的3张照片素材添加同样的“3D运镜”效果。

步骤04 添加合适的卡点音乐，❶选择音频轨道中的音乐；❷点击“踩点”按钮，如图8-118所示。

图8-117　选择“3D运镜”效果

图8-118　点击“踩点”按钮

步骤 05 进入“踩点”面板后，❶点击“自动踩点”按钮；❷选择“踩节拍Ⅰ”选项，如图8-119所示。

步骤 06 点击✓按钮返回主界面，根据黄色小圆点的位置，调整每张照片素材的时长，如图8-120所示。执行操作后，即可完成3D立体卡点特效的制作。

图 8-119　选择“踩节拍Ⅰ”选项

图 8-120　调整每个素材的时长

079　滤镜卡点，向上转入照片变色

扫码看案例效果

扫码看教学视频

【效果展示】：滤镜卡点效果主要使用“向上转入Ⅱ”入场动画和“赫本”滤镜制作而成，让灰色照片向上转入画面时变为彩色照片，效果如图8-121所示。

图 8-121

图 8-121　滤镜卡点视频效果展示

下面介绍在剪映App中制作滤镜卡点视频的操作方法。

步骤 01 在剪映App中导入6张照片素材，如图8-122所示。

步骤 02 在工具栏中，点击“音频”|“提取音乐”按钮，如图8-123所示。

步骤 03 在音频轨道中，添加一段背景音乐，如图8-124所示。

图 8-122　导入 6 张照片素材

图 8-123　点击“提取音乐”按钮

图 8-124　添加一段背景音乐

步骤 04 ❶选择背景音乐；❷点击“踩点”按钮，如图8-125所示。

步骤 05 进入“踩点”面板，点击“自动踩点”按钮，如图8-126所示。

步骤 06 选择“踩节拍Ⅱ”选项，如图8-127所示，即可自动添加节拍点。

步骤 07 ❶拖曳时间轴至第1个节拍点的位置；❷点击“删除点”按钮，如图8-128所示，删除第1个节拍点。

图 8-125　点击“踩点”按钮

图 8-126　点击“自动踩点”按钮

图 8-127　选择“踩节拍Ⅱ”选项

步骤 08 ❶拖曳时间轴至接近结尾的一个鼓点位置；❷点击“添加点”按钮，如图8-129所示。

图 8-128　点击“删除点”按钮

图 8-129　点击“添加点”按钮

步骤 09 执行操作后，即可添加最后一个节拍点，如图8-130所示。

步骤 10 点击✓按钮确认，选择第1张照片素材，调整其结束位置与第2个节拍点对齐，如图8-131所示。

图 8-130　添加最后一个节拍点

图 8-131　调整第 1 张照片素材的结束位置

步骤 11 选择第2张照片素材，调整素材的结束位置与第4个节拍点对齐，如图8-132所示。

步骤 12 用与上面相同的方法，调整其他4张照片素材的时长，如图8-133所示。

图 8-132　调整第 2 张照片素材的结束位置

图 8-133　调整其他 4 张照片素材的时长

步骤 13 ❶拖曳时间轴至第1个节拍点的位置；❷选择第1张照片素材；❸点击“动画”按钮，如图8-134所示。

步骤 14 在动画工具栏中点击“入场动画”按钮，进入“入场动画”面板，

❶选择“向上转入Ⅱ”动画；❷向右拖曳滑块至1.1s的位置，设置动画时长与时间轴的位置对齐，如图8-135所示。

图 8-134　点击“动画”按钮

图 8-135　向右拖曳滑块至 1.1s 的位置

步骤 15 ❶选择第2张照片素材；在“入场动画”面板中，❷选择“向上转入Ⅱ”动画；❸向右拖曳滑块至0.7s的位置，如图8-136所示。用与上面相同的方法，为其他素材添加“向上转入Ⅱ”动画，并设置动画时长均为0.7s。

步骤 16 返回一级工具栏，❶拖曳时间轴至开始的位置；❷点击“滤镜”按钮，如图8-137所示。

图 8-136　拖曳滑块至 0.7s 的位置

图 8-137　点击“滤镜”按钮

步骤 17 ❶切换至“黑白”选项区；❷选择“赫本”滤镜，如图8-138所示。

步骤 18 点击✓按钮确认，❶拖曳滤镜右侧的白色拉杆，调整其与第1个节拍点对齐；❷点击“复制”按钮，如图8-139所示。

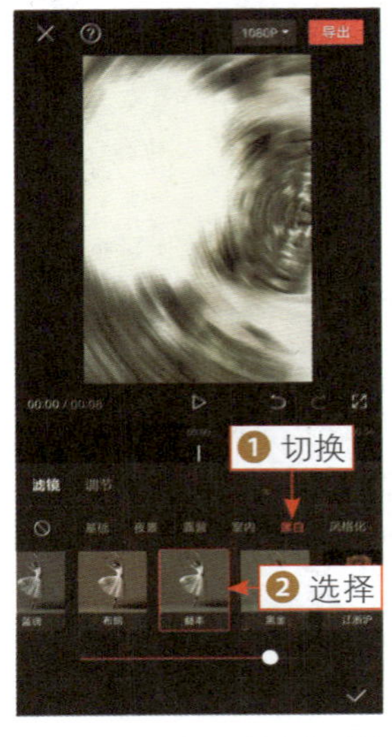

图 8-138　选择“赫本”滤镜

图 8-139　点击“复制”按钮

步骤 19 执行操作后，调整复制的滤镜时长和位置，使开始位置与第2个节拍点对齐，使结束位置与第3个节拍点对齐，如图8-140所示。

步骤 20 用与上面相同的方法，复制多个滤镜并调整位置，如图8-141所示。

图 8-140　调整复制的滤镜时长和位置

图 8-141　复制多个滤镜并调整位置

080　九宫格卡点，高手动画轻松玩

扫码看案例效果

扫码看教学视频

【效果展示】：在朋友圈发布九张黑色图片，截图保存，然后使用剪映 App 中的“滤色”混合模式把视频与朋友圈九宫格截图融合在一起，配合组合动画即可制作九宫格卡点视频，效果如图 8-142 所示。

图 8-142

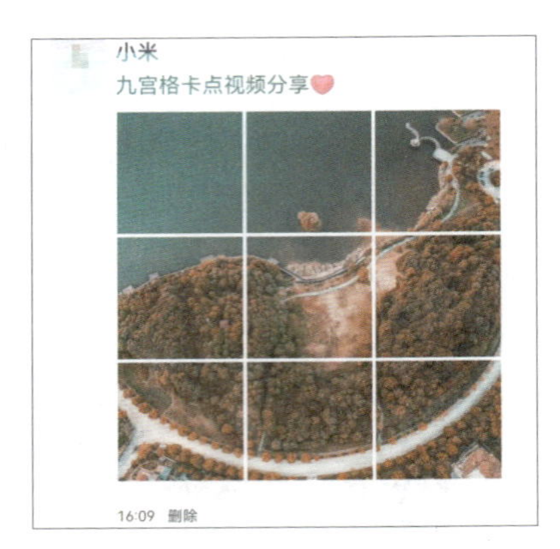

图 8-142　九宫格卡点视频效果展示

下面介绍在剪映App中制作九宫格卡点视频的操作方法。

步骤 01 在剪映App中导入9张图片素材，如图8-143所示。

步骤 02 在工具栏中，点击“比例”按钮，如图8-144所示。

图 8-143　导入 9 张图片素材

图 8-144　点击“比例”按钮

步骤 03 ❶选择1：1选项；❷调整所有素材的画面大小，使其铺满屏幕，如图8-145所示。

步骤 04 返回一级工具栏，点击“音频”按钮，如图8-146所示。

步骤 05 在二级工具栏中，点击“音乐”按钮，如图8-147所示。

步骤 06 进入“添加音乐”界面，❶在搜索框中输入音乐名称；❷点击“搜索”按钮，如图8-148所示。

图 8-145　调整素材画面大小

图 8-146　点击“音频”按钮

图 8-147　点击“音乐”按钮

步骤 07 选择一首音乐并点击“使用”按钮，如图8-149所示。

步骤 08 执行操作后，即可添加背景音乐，如图8-150所示。

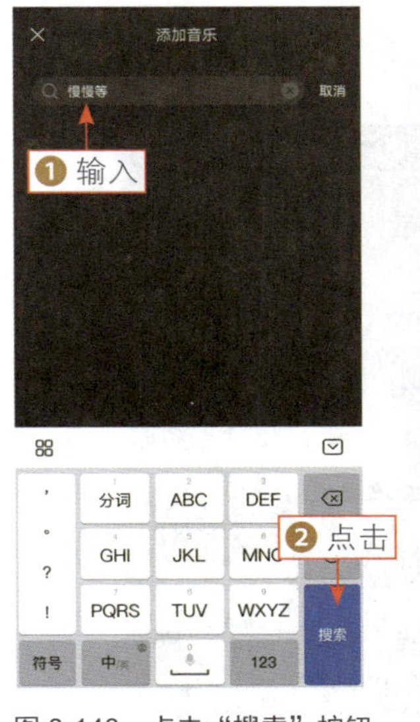

图 8-148　点击“搜索”按钮

图 8-149　点击“使用”按钮

图 8-150　添加背景音乐

步骤 09 ❶选择背景音乐；❷点击“踩点”按钮，如图8-151所示。

步骤 10 ❶点击“自动踩点”按钮；❷选择“踩节拍Ⅰ”选项，如图8-152所示。然后在音乐的其他鼓点位置点击“添加点”按钮，添加多个节拍点。

图 8-151　点击“踩点”按钮

图 8-152　选择“踩节拍 I ”选项

步骤 11 选择第1张图片素材，拖曳右侧的白色拉杆，调整素材时长，使其与第1个节拍点对齐，如图8-153所示。

步骤 12 用与上面相同的操作方法，❶调整其余视频的时长；❷并删除多余的音频，如图8-154所示。

图 8-153　调整素材时长

图 8-154　删除多余的音频

步骤 13 ❶选择第1张图片素材；❷依次点击“动画”按钮和“组合动画”按钮，如图8-155所示。

步骤 14 在“组合动画”面板中，选择“降落旋转”动画，如图8-156所示。

图 8-155　点击“组合动画”按钮

图 8-156　选择“降落旋转”动画

步骤 15 ❶选择第2张图片素材；❷选择“荡秋千”动画，如图8-157所示。

步骤 16 用与上面相同的方法，为其余的图片素材添加合适的动画效果，如图8-158所示。

图 8-157　选择“荡秋千”动画

图 8-158　为其余图片素材添加合适的动画效果

步骤 17 ❶拖曳时间轴至开始的位置；❷依次点击“画中画”按钮和“新增画中画”按钮，如图8-159所示。

步骤 18 在画中画轨道中，添加九宫格图片，如图8-160所示。

图 8-159　点击“新增画中画”按钮

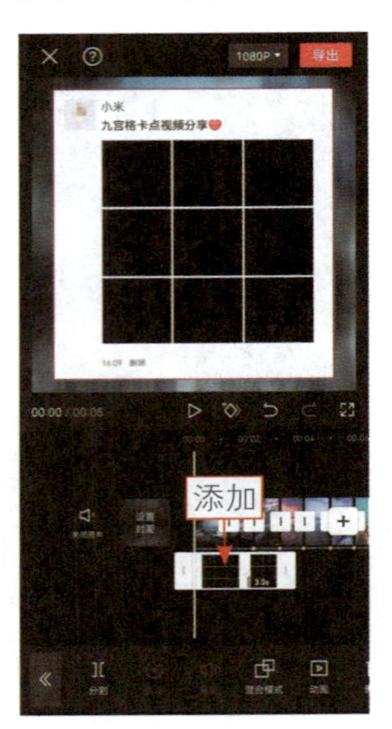

图 8-160　添加九宫格图片

步骤 19 ❶在预览区域放大九宫格截图，使其占满屏幕；❷拖曳画中画素材右侧的白色拉杆，调整九宫格图片的时长，使其与视频时长保持一致；❸点击“混合模式”按钮，如图8-161所示。

步骤 20 在“混合模式”面板中，选择“滤色”选项，如图8-162所示。执行操作后，即可完成九宫格卡点视频的制作。

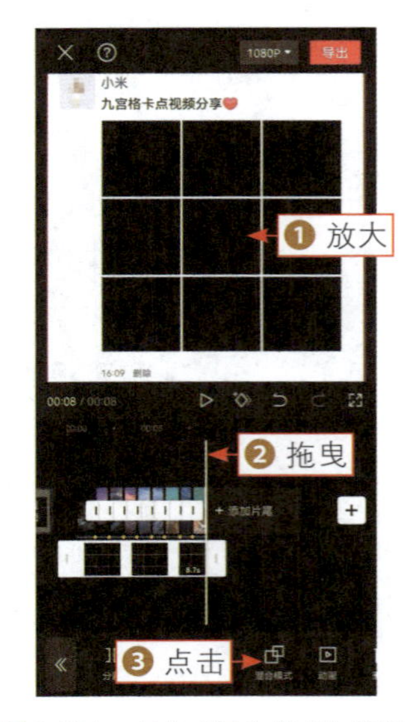

图 8-161　点击“混合模式”按钮

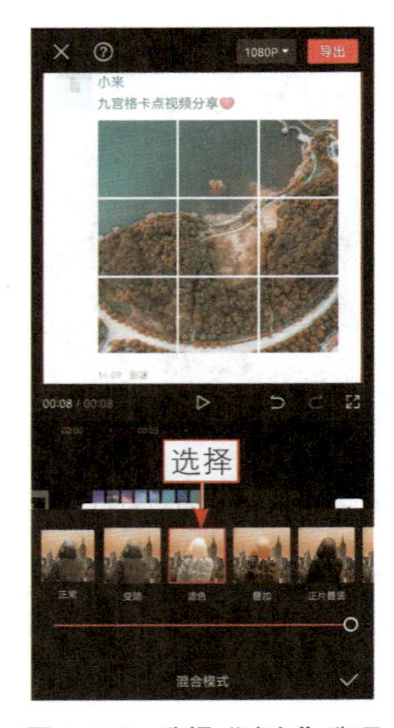

图 8-162　选择“滤色”选项

第 9 章 《风光延时》：剪映剪辑制作流程

本章要点：

❶ 素材准备：准备 5 段风光延时视频素材。

❷ 字幕技巧：片头镂空文字可以给人神秘感；说明文字用来介绍风光地点。

❸ 转场技巧：添加水墨转场，给人清新淡雅的感觉，并根据背景音乐的节拍点调整素材时长，使视频在转场时更加动感。

扫码看案例效果

扫码看教学视频

【效果展示】：本案例主要用来展示各个地方的延时风光，节奏舒缓，适合用作旅行拍摄短视频，效果如图9-1所示。

图 9-1 《风光延时》效果展示

081 正片叠底，制作镂空文字效果

在剪映App中，先制作片头文字并导出为视频备用，然后在新的草稿文件中将片头文字导入，通过“正片叠底”混合模式，即可制作镂空文字效果，下面介绍具体的操作方法。

步骤 01 在剪映App的“素材库”界面中，❶选择一段黑场素材；❷点击“添加”按钮，如图9-2所示。

步骤 02 将黑场素材添加到视频轨道中，如图9-3所示。

图 9-2　点击“添加”按钮

图 9-3　添加黑场素材

步骤 03 新建文本，❶ 输入文字内容；❷ 选择一款合适的字体，如图 9-4所示。

步骤 04 ❶适当调整文本的大小；❷在“动画”选项卡的“入场动画”选项区选择“缩小”动画；❸拖曳滑块，将动画时长调整为1.3s；❹点击“导出”按钮，如图9-5所示，导出片头文字备用。

图 9-4　选择一款字体

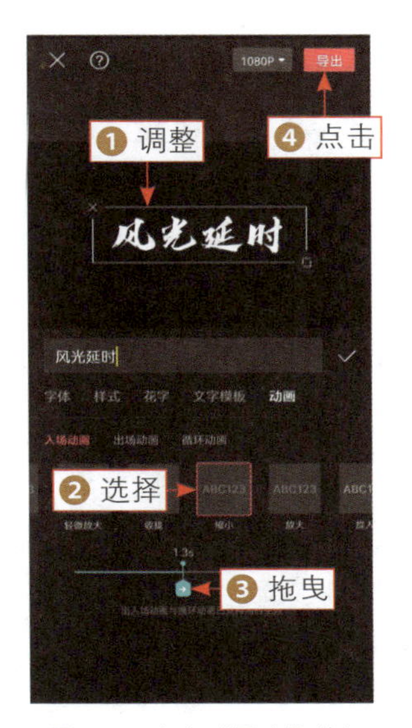

图 9-5　点击“导出”按钮

步骤 05 执行上述操作后，❶新建一个草稿文件并导入5段视频素材；❷点击“画中画”按钮和“新增画中画”按钮，如图9-6所示。

步骤 06 在画中画轨道中，添加刚刚导出的片头文字，如图9-7所示。

图 9-6 点击“新增画中画”按钮

图 9-7 添加片头文字

步骤 07 ❶在预览区域放大视频画面，使其占满屏幕；❷拖曳时间轴至2s的位置；❸点击“混合模式”按钮，如图9-8所示。

步骤 08 在“混合模式”面板中，选择“正片叠底”选项，如图9-9所示，即可制作镂空文字效果。

图 9-8 点击“混合模式”按钮

图 9-9 选择“正片叠底”选项

082　反转蒙版，显示蒙版外部内容

蒙版用来显示蒙版内部的内容，而反转蒙版则正好相反，下面介绍使用剪映App反转蒙版的操作方法。

步骤 01 在视频的合适位置，点击“分割”按钮，如图9-10所示。

步骤 02 ❶选择分割的后半段文字视频；❷点击“蒙版”按钮，如图9-11所示。

图 9-10　点击“分割”按钮

图 9-11　点击“蒙版”按钮（1）

步骤 03 进入“蒙版”面板，选择“线性”蒙版，显示背景视频的一半画面，如图 9-12 所示。

步骤 04 返回上一级工具栏，点击“复制”按钮，如图 9-13 所示。

步骤 05 ❶ 将复制的文字视频拖曳至原视频下方；❷ 点击“蒙版”按钮，如图 9-14 所示。

步骤 06 进入“蒙版”面板，点击“反转”按钮，即可反转“线性”蒙版，如图 9-15 所示。

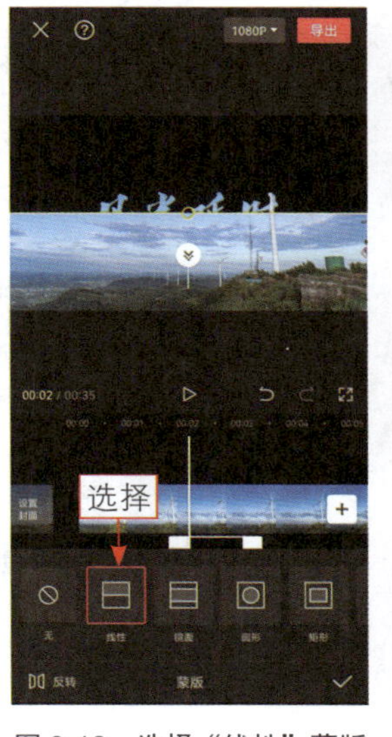

图 9-12　选择“线性”蒙版

图 9-13　点击“复制”按钮

图 9-14　点击“蒙版”按钮（2）

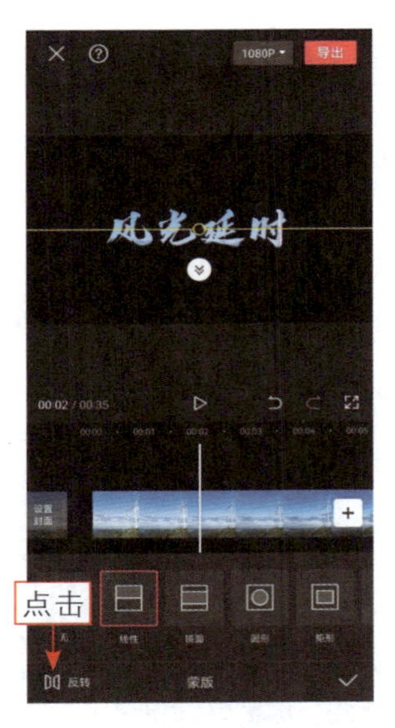

图 9-15　点击“反转”按钮

083　出场动画，离开画面时的动画

出场动画是一段视频结束画面消失时的一种动画效果，结合前面的蒙版效果，为文字视频添加出场动画，可以制作出镂空文字上下分屏滑开的电影开幕效果。下面介绍制作出场动画的操作方法。

步骤 01 ❶ 选择第 1 条画中画轨道中的第 2 段文字视频；❷ 点击“动画”按钮，如图 9-16 所示。

步骤 02 打开动画工具栏，点击“出场动画”按钮，如图 9-17 所示。

步骤 03 在“出场动画”面板中，选择“向上滑动”动画，如图 9-18 所示。

步骤 04 选择第 2 条画中画轨道中的文字视频，在“出场动画”面板中，选择“向下滑

图 9-16　点击“动画”按钮

图 9-17　点击“出场动画”按钮

动”动画，如图9-19所示。

图 9-18 选择“向上滑动”动画

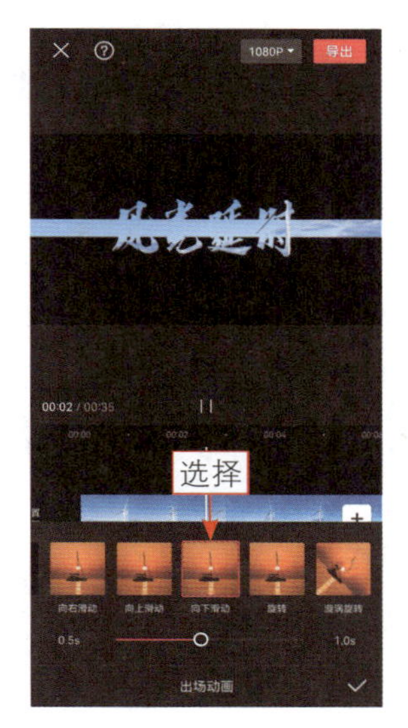

图 9-19 选择“向下滑动”动画

084 水墨转场，典雅国风韵味十足

“水墨”转场是“遮罩转场”的一种，下面介绍使用剪映App为延时视频添加“水墨”转场的操作方法。

步骤 01 在视频轨道中，点击两段视频之间的转场按钮 I ，如图9-20所示。

步骤 02 进入“转场”面板，❶ 切换至“遮罩转场”选项卡；❷ 选择“水墨”转场；❸ 将转场时长设置为 1.0s；❹ 点击“全局应用”按钮，如图 9-21 所示。

图 9-20 点击转场按钮

图 9-21 点击“全局应用”按钮

085 搜索音乐，精准添加背景音乐

搜索音乐可以更加精准地找到所需的背景音乐，下面介绍使用剪映App搜索音乐的操作方法。

步骤 01 ❶ 拖曳时间轴至视频轨道的起始位置；❷ 点击“音频”按钮，如图 9-22 所示。

步骤 02 打开二级工具栏，点击“音乐”按钮，如图 9-23 所示。

步骤 03 进入“添加音乐”界面，❶ 在文本框中输入歌曲名称；❷ 点击“搜索”按钮，如图 9-24 所示。

步骤 04 点击需要的背景音乐右侧的“使用”按钮，如图 9-25 所示。

图 9-22 点击“音频”按钮

图 9-23 点击“音乐”按钮

图 9-24 点击“搜索”按钮

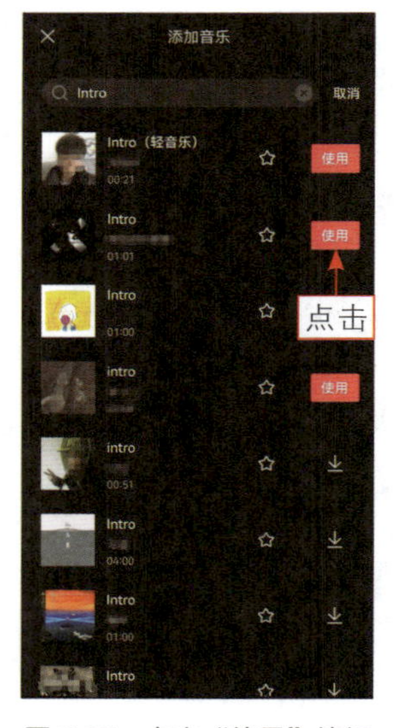

图 9-25 点击“使用”按钮

步骤 05 ❶选择添加的背景音乐；❷点击“踩点”按钮，如图9-26所示。

步骤 06 进入“踩点”面板，❶点击“自动踩点”按钮；❷选择“踩节拍

Ⅰ”选项，如图9-27所示。

图 9-26　点击“踩点”按钮

图 9-27　选择“踩节拍Ⅰ”选项

步骤 07 ❶拖曳时间轴至第1个节拍点的位置；❷点击“删除点”按钮，如图9-28所示。

步骤 08 执行操作后，即可将多余的节拍点删除，如图9-29所示。

图 9-28　点击“删除点”按钮

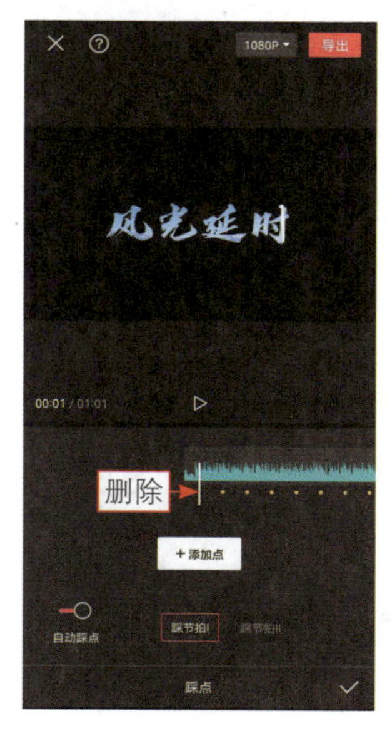

图 9-29　删除多余的节拍点

086 剪辑素材，调整视频素材时长

为了让短视频效果更好，我们可以根据音乐节拍点对视频素材进行剪辑，并删除多余的音乐片段，处理剩下的音乐素材。下面介绍剪辑素材的操作方法。

步骤 01 选择第 1 段视频素材，调整视频时长，使转场开始的位置与第 2 个节拍点对齐，如图 9-30 所示。

步骤 02 选择第2段视频素材，调整视频时长，使第2个转场开始的位置与第3个节拍点对齐，如图9-31 所示。

步骤 03 用与上面相同的方法，调整其他视频的时长，并与各个节拍点对齐，效果如图 9-32 所示。

步骤 04 ①拖曳时间轴至视频结束的位置；②选择背景音乐；③点击“分割”按钮，如图9-33所示。

图 9-30 调整第 1 段视频的时长

图 9-31 调整第 2 段视频的时长

图 9-32 调整其他视频的时长

图 9-33 点击“分割”按钮

步骤 05 ①选择分割的后半段音乐片段；②点击“删除”按钮，如图9-34 所示。

步骤 06 选择剩下的音乐片段，点击“淡化”按钮，如图9-35所示。

步骤 07 进入“淡化”面板，拖曳“淡出时长”滑块，设置参数为 1s，如图 9-36 所示，设置音频淡出效果。

图 9-34 点击“删除”按钮

图 9-35 点击“淡化”按钮

图 9-36 拖曳“淡出时长”滑块

087 闭幕特效，增加视频的电影感

在视频的结尾处，添加“横向闭幕”特效，可以制作片尾闭幕效果，增加视频的电影感，下面介绍制作片尾闭幕特效的操作方法。

步骤 01 ❶ 拖曳时间轴至倒数第 2 个节拍点的位置；❷ 点击“特效”按钮，如图 9-37 所示。

步骤 02 在二级工具栏中，点击“画面特效”按钮，如图9-38所示。

图 9-37 点击“特效”按钮

图 9-38 点击“画面特效”按钮

步骤 03 在“基础”选项卡中，选择“横向闭幕”特效，如图9-39所示。

步骤 04 点击✓按钮，即可添加“横向闭幕”特效，如图9-40所示。

图 9-39 选择“横向闭幕”特效

图 9-40 添加“横向闭幕”特效

088 说明文字，便于了解视频内容

说明文字是用来介绍视频内容的一种文字，在本例中主要用来介绍拍摄地点，下面介绍使用剪映App制作说明文字的操作方法。

步骤 01 ❶拖曳时间轴至第1个节拍点的位置；❷点击“文字”按钮，如图9-41所示。

步骤 02 在工具栏中，点击“新建文本”按钮，如图9-42所示。

步骤 03 ❶在文本框中输入相应的文字内容；❷在预览区域调整文字的位置和大小，如图9-43所示。

图 9-41 点击“文字”按钮

图 9-42 点击“新建文本”按钮

步骤 04 在“样式”选项卡中，选择第1种预设样式，如图9-44所示。

图 9-43 调整文字的位置和大小

图 9-44 选择第 1 种预设样式

步骤 05 ❶切换至“动画”选项卡；❷选择“向下滑动”入场动画；❸拖曳滑块至1.0s的位置，设置动画时长，如图9-45所示。

步骤 06 点击✓按钮，即可完成第1段说明文字的添加，❶调整文本结束的位置与第2个节拍点对齐；❷点击“复制”按钮，如图9-46所示。

图 9-45 拖曳滑块

图 9-46 点击“复制”按钮

步骤07 ❶拖曳复制的文本至第2段视频的下面；❷点击“编辑”按钮，如图9-47所示。

步骤08 ❶修改文字内容；❷适当调整文字的位置，如图9-48所示。

图 9-47　点击“编辑”按钮

图 9-48　调整文字的位置

步骤09 用与上面相同的方法，制作其他3段说明文字，并根据文字的位置选择更合适的动画效果，如图9-49所示。

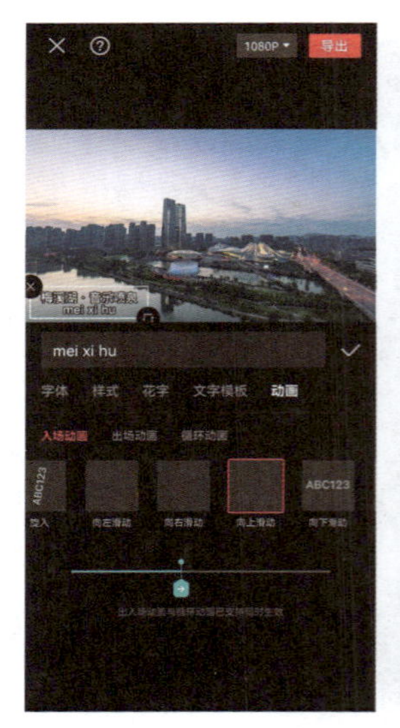

图 9-49　制作其他 3 段说明文字

第 10 章 《阿甘正传》：制作电影解说视频

本章要点：

❶ 素材准备：准备需要进行解说的电影片段素材。

❷ 配音技巧：在剪映 App 中，通过“文本朗读”功能，制作电影解说配音。

❸ 剪辑技巧：根据解说配音，对电影进行分割、调速等剪辑操作，选取与配音对应的影片片段，然后添加解说字幕。

扫码看案例效果

扫码看教学视频

【效果展示】：快节奏的生活方式，促进了电影解说行业的兴起，观众可以在几分钟或者十几分钟内看完一部两个小时以上的电影，效果如图10-1所示。

图 10-1 《阿甘正传》电影解说效果展示

089 制作片头，个性片头更具特色

在正式进行电影解说之前，可以先制作一个有特色、有个性的片头，能让电影解说视频更具有个人的特色，下面介绍具体的制作方法。

步骤 01 在剪映App的“素材库”|“片头”选项卡中，❶选择一段片头素材；❷点击“添加”按钮，如图10-2所示。

步骤 02 将片头素材添加到视频轨道中，如图10-3所示。

步骤 03 ❶选择片头素材；❷拖曳时间轴至00:04左右的位置；❸点击“分割”按钮，如图10-4所示。

图 10-2　点击“添加”按钮

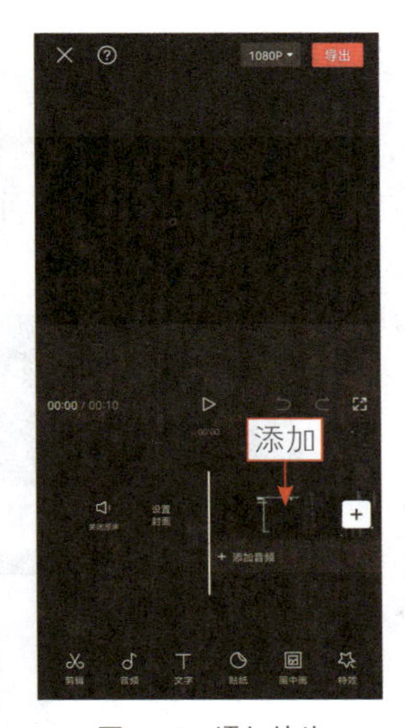

图 10-3　添加片头

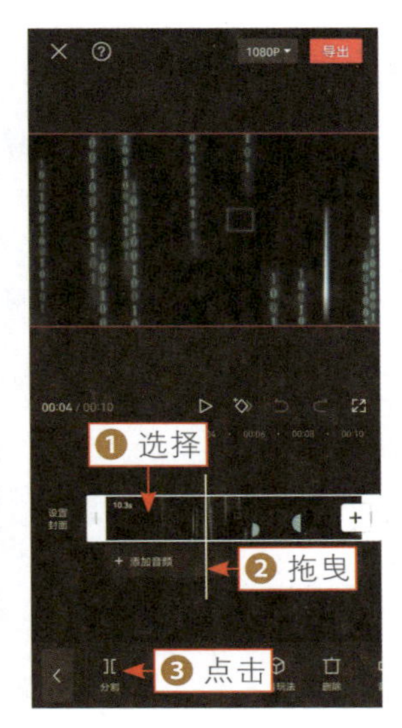

图 10-4　点击“分割”按钮

步骤 04 ❶选择分割的后半段片头素材；❷点击“删除”按钮，如图 10-5 所示。

步骤 05 删除片段后，❶拖曳时间轴至开始的位置；❷点击“文字”和“文字模板”按钮，如图10-6所示。

步骤 06 在“文字模板”选项卡的“美食”选项区，❶选择一个文字模板；❷修改文字内容；❸调整文字的大小，如图10-7所示。调整文本的时长与视频时长一致，并为其添加音效，点击“导出”按钮，将片头视频导出备用。

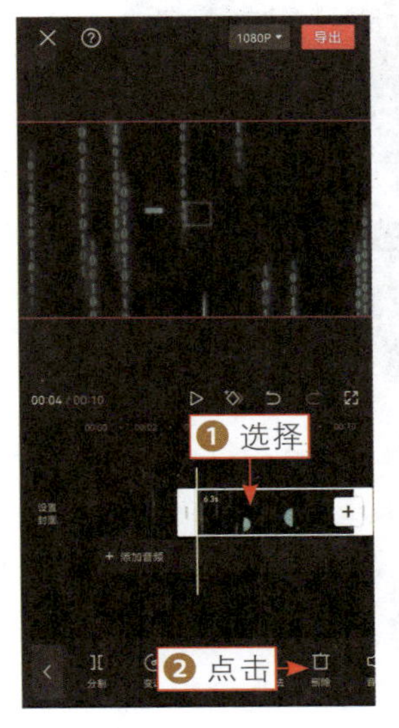

图 10-5　点击“删除”按钮

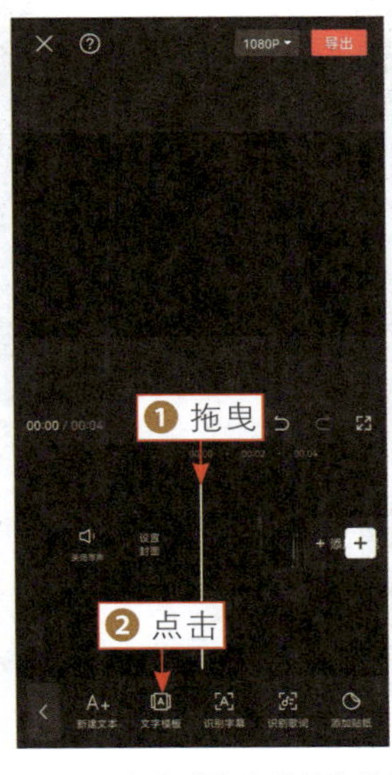

图 10-6　点击“文字模板”按钮

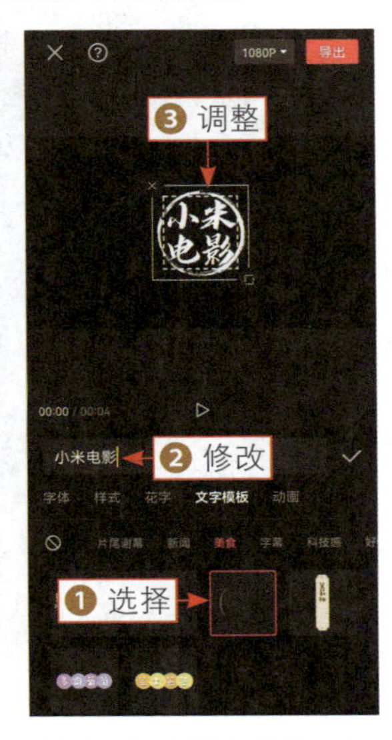

图 10-7　调整文字的大小

090 解说配音，自动朗读文案

在剪映App中，用户可以通过“录音”功能，自己录制一段解说配音；还可以通过“文本朗读”功能，制作一段解说配音。下面介绍在剪映App中自动朗读文案，制作解说配音的操作方法。

步骤 01 新建一个草稿文件，在剪映App的“素材库”界面中，❶选择一段黑场素材；❷点击“添加”按钮，如图10-8所示。

步骤 02 将黑场素材添加到视频轨道中，如图 10-9 所示。

步骤 03 ❶ 拖曳时间轴至开始的位置；❷ 点击“文字”和“新建文本”按钮，如图 10-10 所示。

步骤 04 进入文字编辑界面，输入解说文案，如图 10-11 所示。

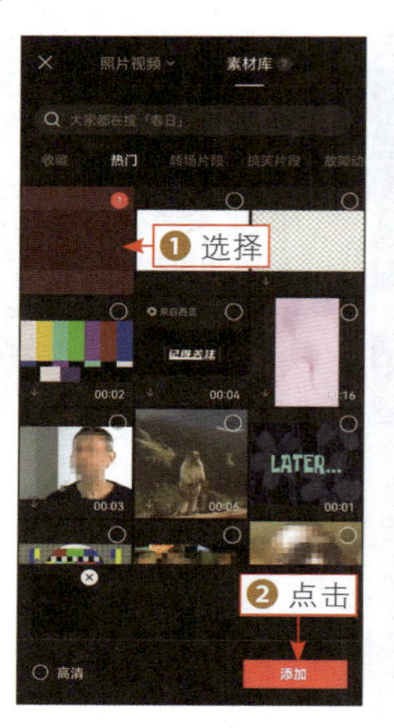

图 10-8　点击“添加”按钮

图 10-9　添加黑场素材

图 10-10　点击“新建文本”按钮

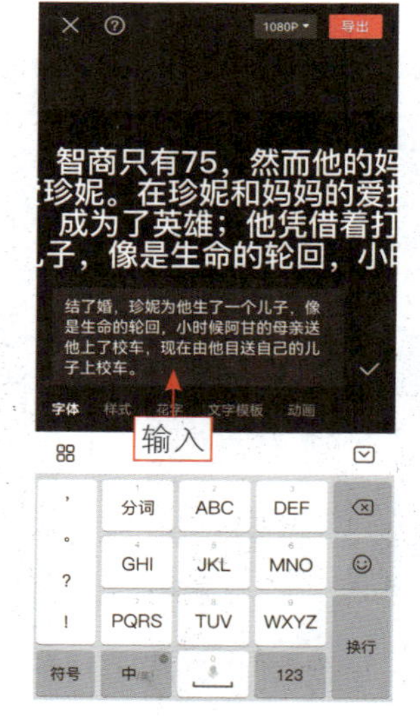

图 10-11　输入解说文案

步骤 05 在工具栏中，点击“文本朗读”按钮，如图10-12所示。

步骤 06 进入“音色选择”面板，在“男声音色”选项卡中，选择“新闻男声”音色，如图10-13所示。

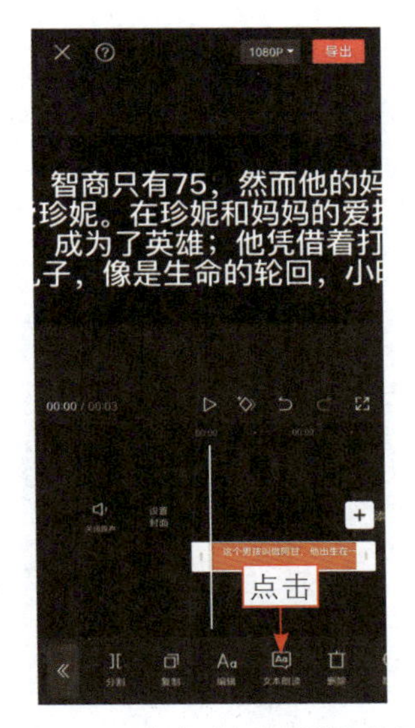

图 10-12　点击“文本朗读”按钮

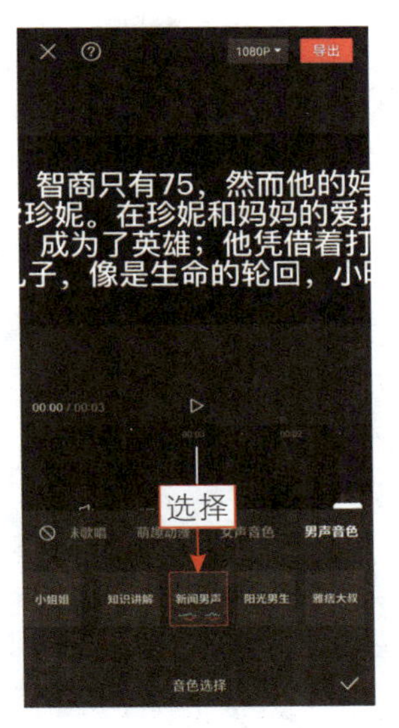

图 10-13　选择“新闻男声”音色

步骤 07 点击✓按钮返回工具栏，点击“删除”按钮，如图10-14所示。

步骤 08 将文本删除后，点击“导出”按钮，如图10-15所示，将制作的解说配音导出备用。

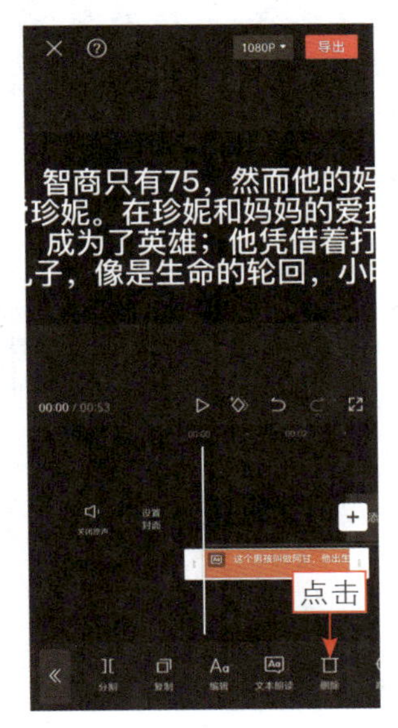

图 10-14　点击“删除”按钮

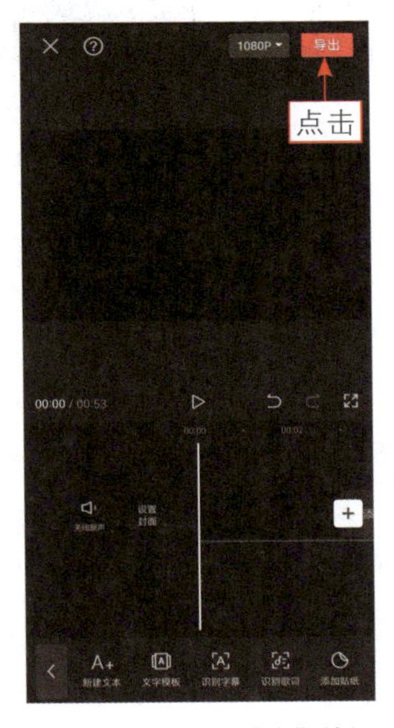

图 10-15　点击“导出”按钮

091　调整比例，设置画面比例为9：16

由于很多人都是用手机观看电影解说视频的，所以也需要调整视频的画布比例，下面介绍具体的操作方法。

步骤 01 新建一个草稿文件，❶导入片头视频和配音视频；❷点击“比例”按钮，如图10-16所示。

步骤 02 选择9：16选项，调整画布尺寸，如图10-17所示。

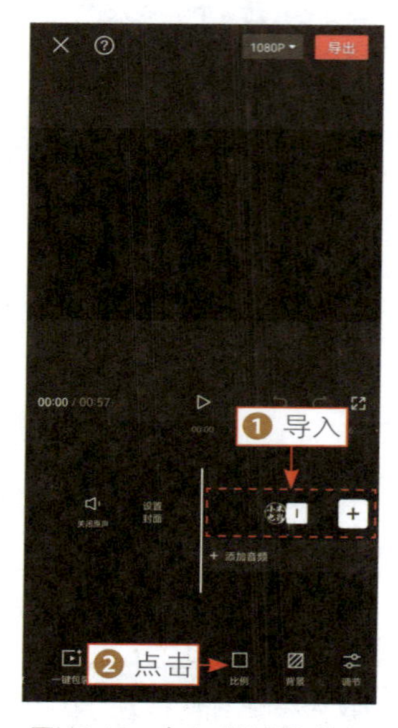

图 10-16　点击“比例”按钮

图 10-17　选择 9：16 选项

092　添加电影，导入解说素材

接下来需要将配音视频中的音频分离出来，并在视频轨道中导入电影，裁剪电影画面，下面介绍具体的操作方法。

步骤 01 ❶选择配音视频；❷点击“分离音频”按钮，如图10-18所示。

步骤 02 执行操作后，即可分离配音音频，如图10-19所示。

步骤 03 ❶ 选择分离后的配音视频；❷ 点击“删除”按钮，如图 10-20 所示。

步骤 04 删除配音视频后，点击[+]按钮，如图10-21所示。

步骤 05 在“照片视频”界面的“视频”选项卡中，❶选择电影素材；❷点击“添加”按钮，如图10-22所示。

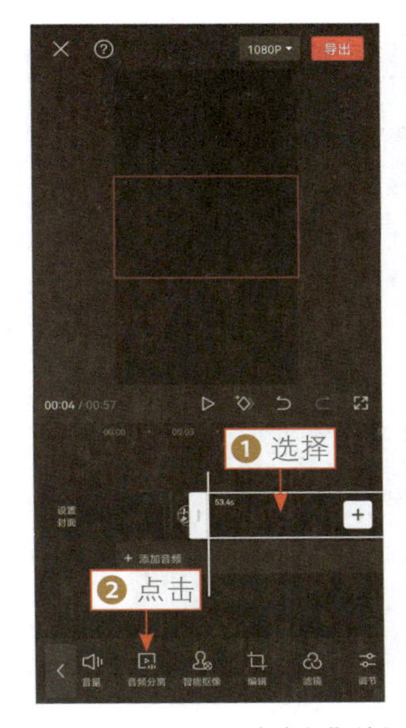

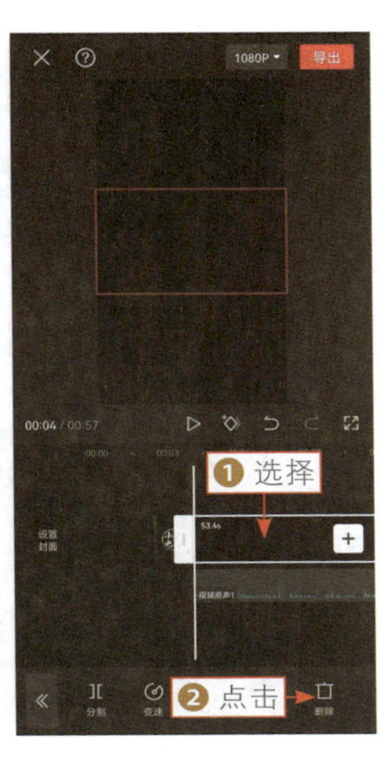

图 10-18 点击“分离音频”按钮 图 10-19 分离配音音频 图 10-20 点击“删除”按钮

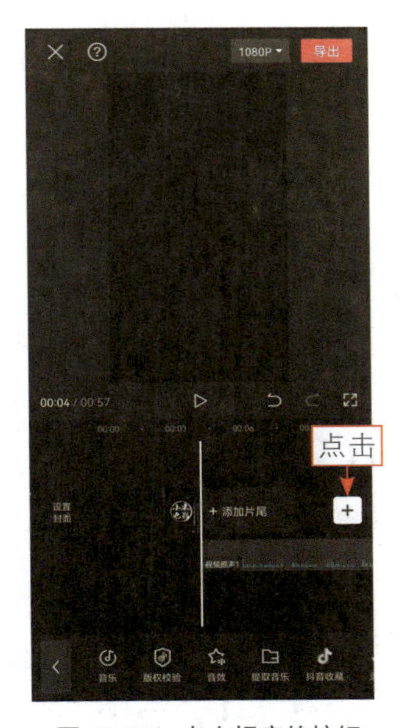

图 10-21 点击相应的按钮

图 10-22 点击“添加”按钮

步骤 06 执行操作后，即可添加电影素材，如图10-23所示。

步骤 07 ❶选择电影素材；❷点击“编辑”按钮，如图10-24所示。

步骤 08 打开编辑工具栏，点击“裁剪”按钮，如图10-25所示。

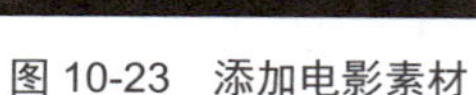
图 10-23　添加电影素材

图 10-24　点击“编辑”按钮

图 10-25　点击“裁剪”按钮

步骤 09 执行操作后，即可进入“裁剪”界面，向下拖曳素材上方的控制柄，如图10-26所示。

步骤 10 点击✓按钮，即可将画面上方的黑边框裁掉，去掉黑边框中的水印，如图10-27所示。

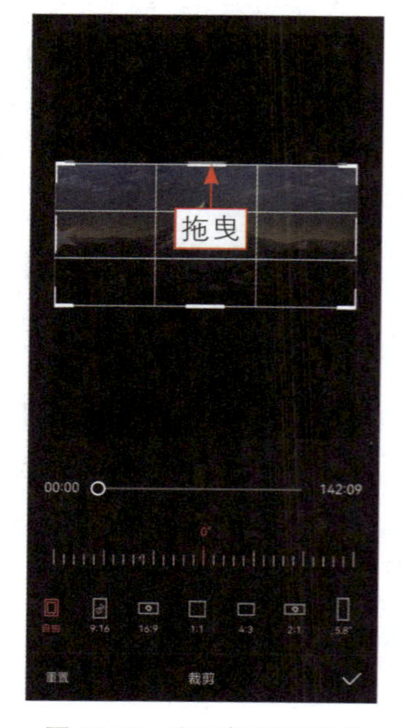

图 10-26　向下拖曳控制柄

图 10-27　裁掉黑边框

093　分割素材，根据解说剪辑

接下来需要根据配音来剪辑电影素材，在电影中找到与解说配音相对应的片段，将其分割出来，调至与配音相对应的位置，根据需要对影片片段进行调速处理和保留原声处理等。

由于整部电影的时长过长，下面将会向大家介绍在剪映中根据配音来剪辑影片的几种操作手法，大家可以学习剪辑思路，根据自己的实际情况，参考操作方法来进行影片剪辑。

步骤 01 在时间线中通过滑开双指，将轨道放大，方便剪辑影片和配音，如图10-28所示。

步骤 02 ❶选择电影素材；❷点击“音量”按钮，如图10-29所示。

步骤 03 进入“音量”面板，拖曳滑块至最左端，将“音量”参数调整为0，关闭电影原声，如图10-30所示。

图 10-28　将轨道放大

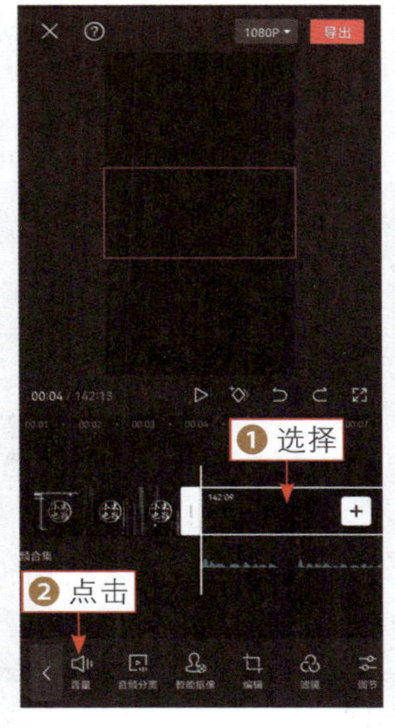

图 10-29　点击“音量”按钮（1）

图 10-30　拖曳滑块（1）

步骤 04 ❶选择电影素材；❷拖曳时间轴至主角出现的位置；❸点击“分割”按钮，如图10-31所示。

步骤 05 ❶选择分割的前半段电影素材；❷点击“删除”按钮，如图10-32所示，将多余的片段删除。

步骤 06 拖曳时间轴至第1句配音的中间位置，如图10-33所示。

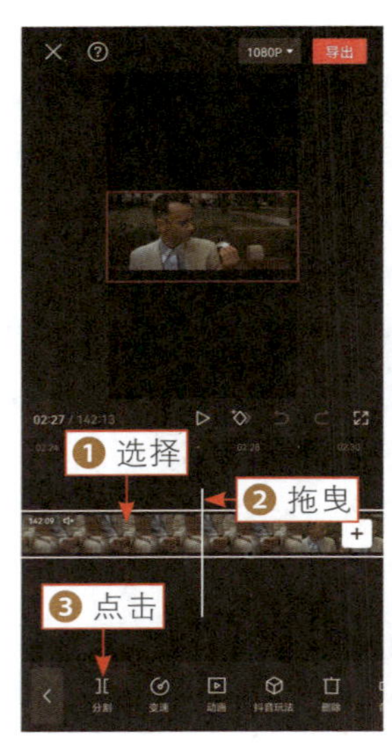

图 10-31　点击“分割”按钮（1）

图 10-32　点击“删除”按钮

图 10-33　拖曳时间轴（1）

步骤 07 ❶选择电影素材；❷点击“分割”按钮，如图10-34所示。

步骤 08 向右拖曳电影素材左侧的白色拉杆，直至主角进行自我介绍的位置，如图10-35所示。执行操作后，在第1句配音完成的位置，再次分割素材。

图 10-34　点击“分割”按钮（2）

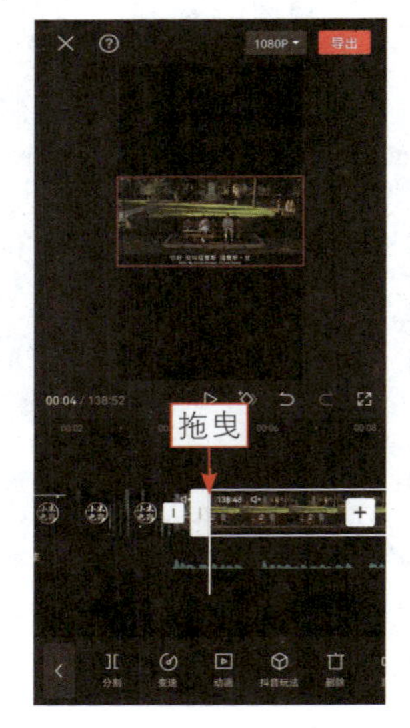

图 10-35　拖曳时间轴（2）

步骤 09 用与上面相同的方法，❶再次分割素材片段；❷选择电影素材；❸点击“变速”按钮，如图10-36所示。

步骤 10 打开三级工具栏，点击“常规变速”按钮，如图10-37所示。

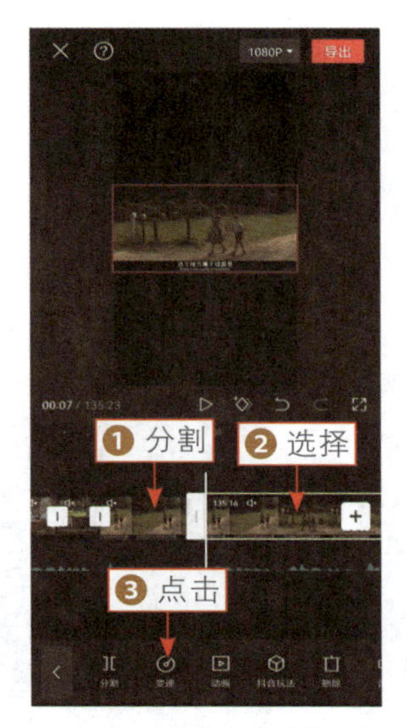

图 10-36　点击“变速”按钮

图 10-37　点击“常规变速”按钮

步骤 11 在“变速”面板中，拖曳滑块至1.5×的位置，加快播放速度，如图10-38所示。

步骤 12 用与上面相同的方法剪辑素材，❶选择最后一段剪辑出来的电影片段；❷点击“音量”按钮，如图10-39所示。

步骤 13 在“音量”面板中，拖曳滑块至100的位置，恢复电影原声，如图10-40所示。

图 10-38　拖曳滑块（2）

图 10-39　点击“音量”按钮（2）

图 10-40　拖曳滑块（3）

094 解说字幕，方便观众理解

添加解说字幕方便观众理解视频内容，这里我们可以使用剪映的“识别字幕”功能，批量添加解说字幕，下面介绍具体的操作方法。

步骤 01 在工具栏中，点击“文字”|“识别字幕”按钮，如图 10-41 所示。

步骤 02 在“识别字幕”面板中，点击“开始识别”按钮，如图 10-42 所示。

图 10-41 点击“识别字幕”按钮

图 10-42 点击“开始识别”按钮

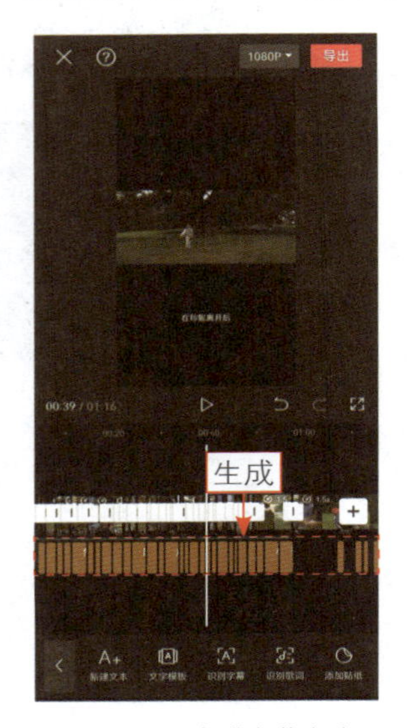

图 10-43 生成字幕文本

步骤 03 稍等片刻，即可生成字幕文本，如图 10-43 所示。

步骤 04 ① 选择最后一段素材下方的英文；② 点击“删除”按钮，如图 10-44 所示。

步骤 05 执行操作后，逐句查看文本内容，修改错误的文字和断错句的文本，在预览窗口中调整解说字幕的大小和位置，效果如图10-45所示。

步骤 06 ① 拖曳时间轴至电影素材开始的位置；② 点击“新建文本”按钮，如图 10-46所示。

图 10-44 点击“删除”按钮

图 10-45 调整解说字幕的大小和位置

步骤 07 进入文字编辑界面，❶输入电影片名；❷调整片名文字的位置和大小，如图10-47所示。

步骤 08 点击✓按钮，调整电影片名文字轨道的时长，如图10-48所示。

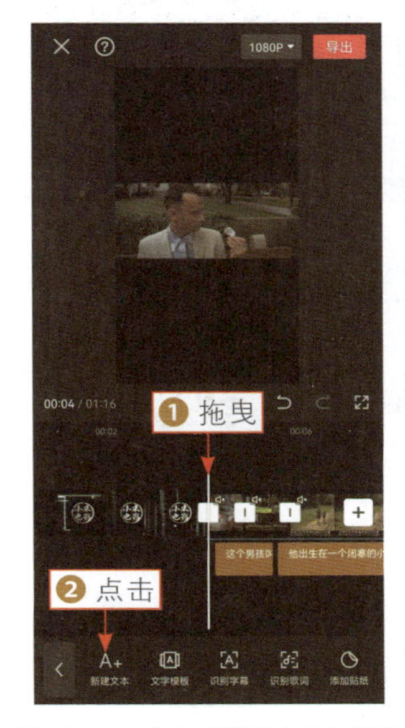

图 10-46 点击“新建文本”按钮

图 10-47 调整片名位置和大小

图 10-48 调整电影片名的时长

095 制作片尾，提醒观众关注

在电影解说的结尾处，添加片尾字幕，能提醒观众关注发布者，提升账号的粉丝量，下面介绍具体的操作方法。

步骤 01 ❶ 拖曳时间轴至视频结束的位置；❷ 点击工具栏中的“文字模板”按钮，如图 10-49 所示。

步骤 02 在“文字模板”选项卡的“互动引导”选项区中，❶ 选择一个文字模板；❷ 修改文字内容；❸ 调整文字的大小和位置，如图 10-50 所示。

步骤 03 执行操作后，点击“音频”|“音效”按钮，如图10-51所示。

步骤 04 在“综艺”选项卡中，点击“叮，关注，点赞”音效右侧的“使用”按钮，如图10-52所示，为片尾文本添加音效。

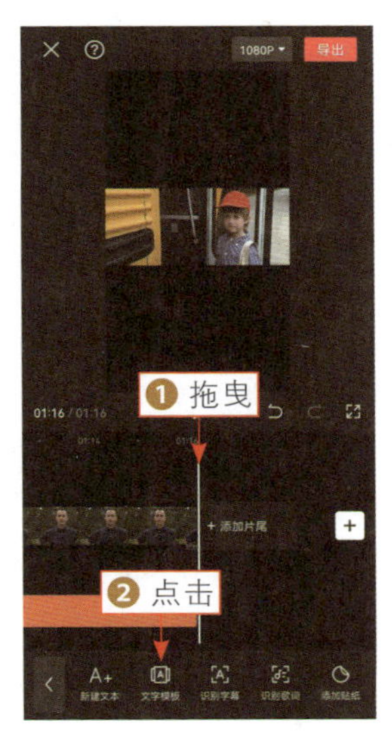

图 10-49 点击“文字模板”按钮

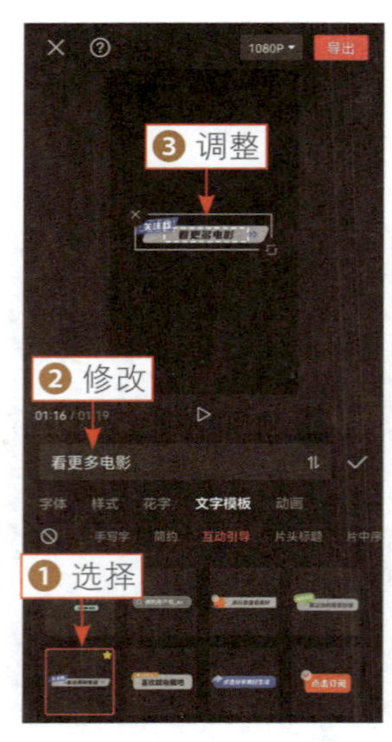

图 10-50　调整文字的大小和位置

图 10-51　点击“音效”按钮

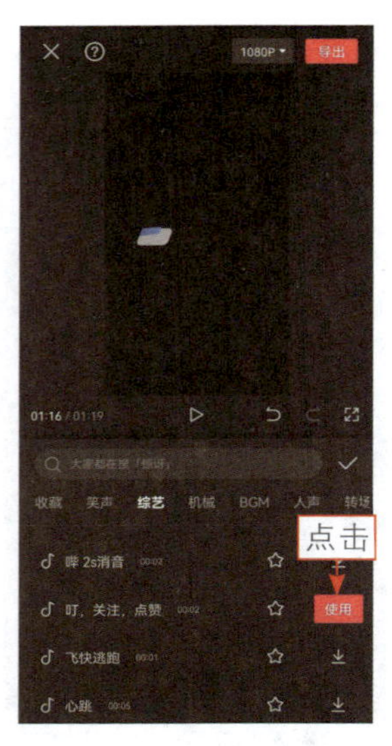

图 10-52　点击“使用”按钮

096　添加配乐，为视频注入灵魂

如果视频中只有解说的声音，会使视频显得有些单调，这时可以添加纯音乐，让背景声音更加丰富，下面介绍具体的操作方法。

步骤 01 ❶拖曳时间轴至电影开始的位置；❷点击“音频”|“音乐”按钮，如图 10-53 所示。

步骤 02 在“添加音乐”界面中，选择“纯音乐”类型，如图 10-54 所示。

步骤 03 进入“纯音乐”界面，在所选音乐的右侧点击“使用”按钮，如图 10-55 所示。

步骤 04 执行操作后，即可添加背景音乐，❶拖曳时间轴至片尾，即视频结束的位置；❷选择背景音乐；❸点击“分割”按钮，如图 10-56 所示。

图 10-53　点击“音乐”按钮

图 10-54　选择“纯音乐”类型

步骤 05 执行操作后，❶选择分割完成的后半段音乐；❷点击“删除”按钮，如图10-57所示。

图 10-55　点击“使用”按钮

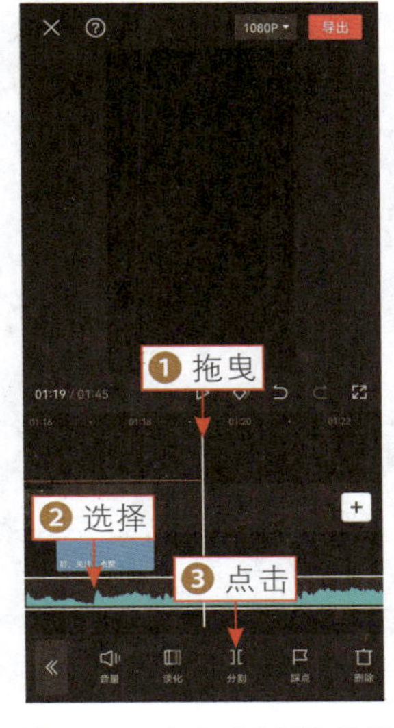

图 10-56　点击“分割”按钮

图 10-57　点击“删除”按钮

步骤 06 ❶选择剩下的音乐；❷点击“音量”按钮，如图10-58所示。

步骤 07 进入“音量”面板，拖曳滑块至 25 的位置，降低音乐的声音，如图 10-59 所示。

步骤 08 执行操作后，返回上一级工具栏，点击“淡化”按钮。在“淡化”面板中，拖曳“淡出时长”滑块至 1.5s 的位置，如图 10-60 所示，完成电影解说视频的制作。

图 10-58　点击“音量”按钮

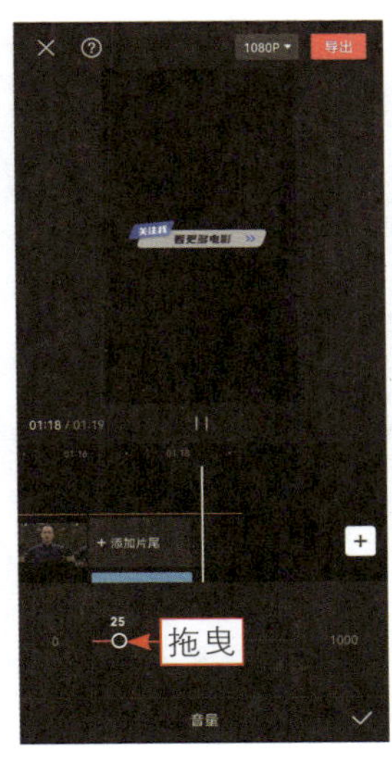

图 10-59　拖曳滑块

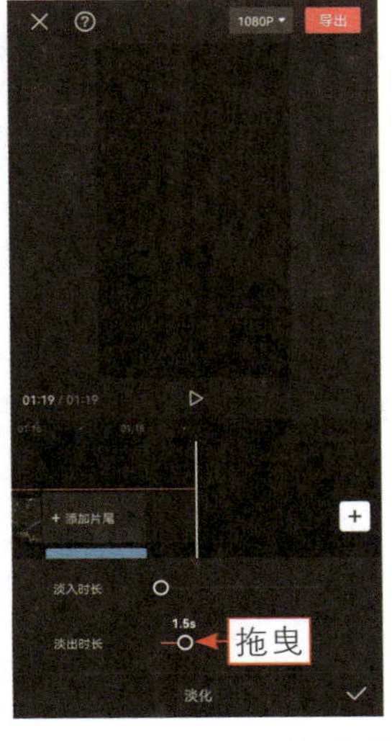

图 10-60　拖曳“淡出时长”滑块

第 11 章　电脑版剪映的基础操作

本章要点：

本章主要讲解电脑版剪映的基础操作，主要涉及导入和导出素材、缩放和变速素材、定格和倒放素材、旋转和裁剪素材、应用“视频防抖”功能、设置视频比例，以及设置磨皮瘦脸效果 7 个内容。学会这些操作，稳固好基础，可以让用户在之后的视频处理过程中更加得心应手。

097　素材的剪辑

用户可以在剪映中对素材进行各种剪辑操作，制作出令人满意的视频效果。本节介绍导入和导出素材、缩放和变速素材、定格和倒放素材，以及旋转和裁剪素材的操作方法。

导入和导出素材

扫码看案例效果

扫码看教学视频

【效果展示】：在电脑版剪映中导入素材后，用户可以对视频进行分割，删除不需要的部分，还可以在导出时设置相关参数，让导出的视频画质更高清，效果如图11-1所示。

图 11-1　导入和导出素材效果展示

下面介绍在电脑版剪映中导入和导出素材的操作方法。

步骤 01 启动剪映专业版，进入其工作界面，单击“开始创作”按钮，如图11-2所示。

步骤 02 进入视频剪辑界面，在“媒体”功能区中单击“导入素材”按钮，如图11-3所示。

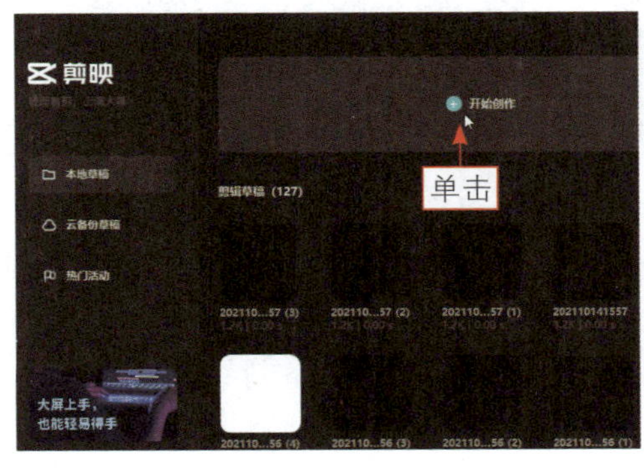

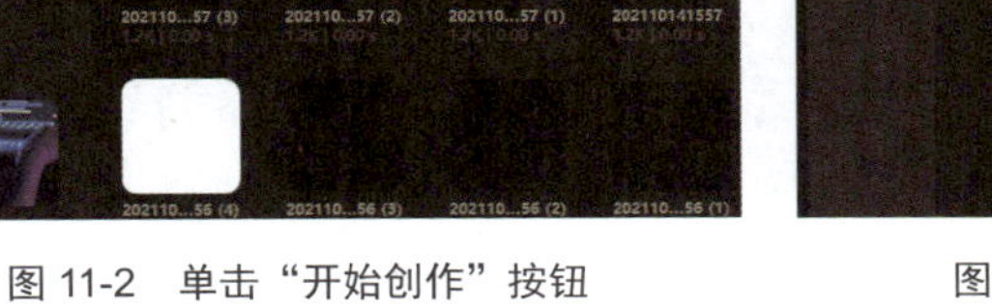

图 11-2　单击“开始创作”按钮

图 11-3　单击“导入素材”按钮

步骤 03 弹出“请选择媒体资源”对话框，❶选择相应的视频素材；❷单击

“打开”按钮，如图11-4所示。

步骤 04 执行操作后，即可将视频素材导入到“本地”选项卡中。单击视频素材右下角的按钮，如图11-5所示，将视频素材导入到视频轨道中。

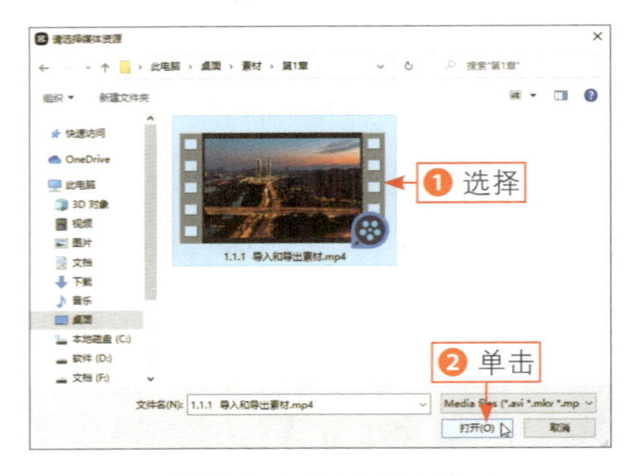

图 11-4　单击“打开”按钮

图 11-5　单击相应的按钮

步骤 05 ①拖曳时间指示器至00:00:01:03的位置；②单击“分割”按钮，如图11-6所示。

步骤 06 ①拖曳时间指示器至00:00:05:00的位置；②单击“分割”按钮，如图11-7所示。

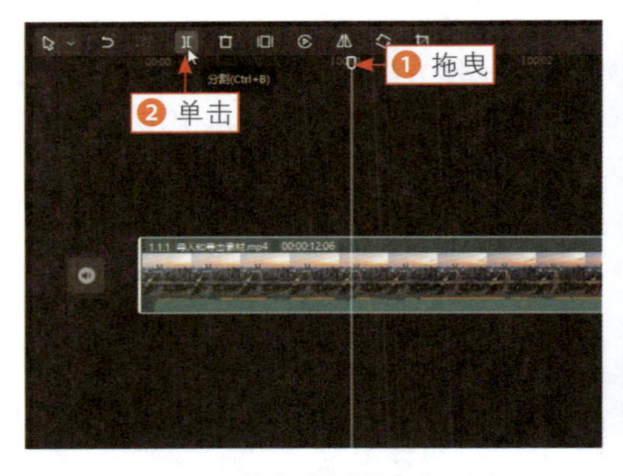

图 11-6　单击“分割”按钮（1）

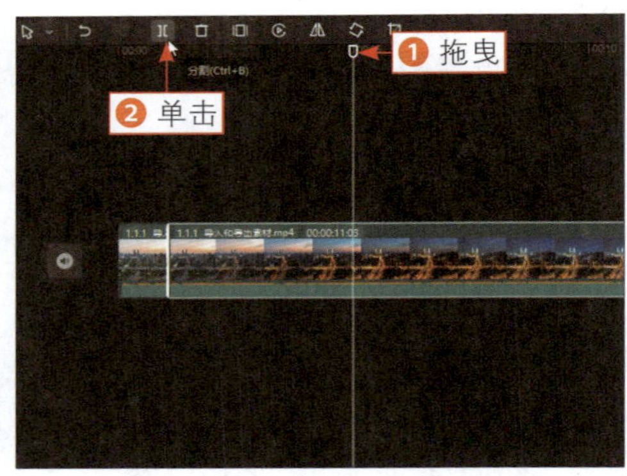

图 11-7　单击“分割”按钮（2）

步骤 07 ①选择第1段素材；②单击“删除”按钮，即可删除不需要的片段，如图11-8所示。

步骤 08 执行操作后，在“播放器”面板下方查看视频素材的总播放时长，可以看出素材的总播放时长变短了，如图11-9所示。

步骤 09 ①选择第2段素材；②单击“删除”按钮，如图11-10所示。

步骤 10 视频剪辑完成后，右上角显示了视频的草稿参数，如作品名称、保存位置、导入方式和色彩空间等，单击界面右上角的“导出”按钮，如图11-11所示。

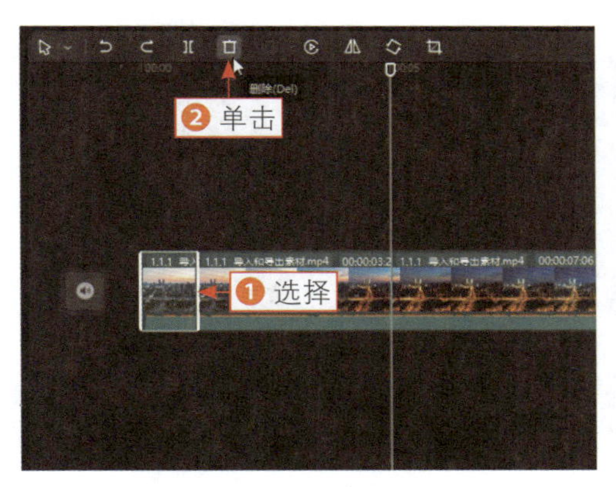

图 11-8　单击“删除”按钮（1）

图 11-9　查看视频总播放时长

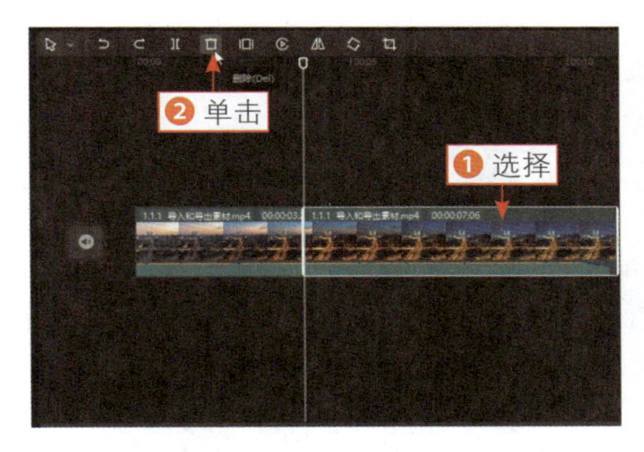

图 11-10　单击“删除”按钮（2）

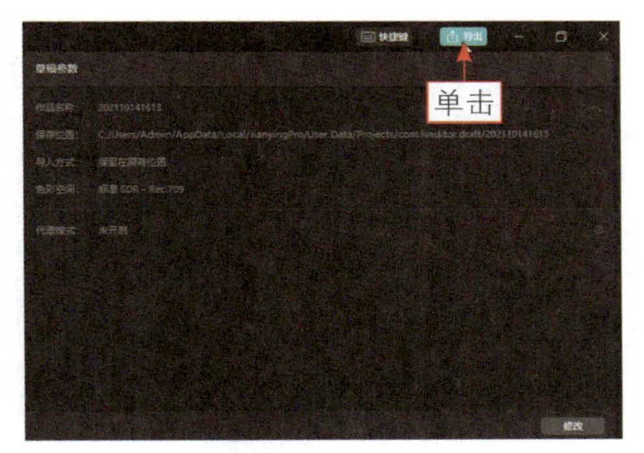

图 11-11　单击“导出”按钮

步骤 11 在“导出”对话框的“作品名称”文本框中更改名称，如图 11-12 所示。

步骤 12 单击“导出至”右侧的按钮，弹出“请选择导出路径”对话框，❶选择相应的保存路径；❷单击“选择文件夹”按钮，如图11-13所示。

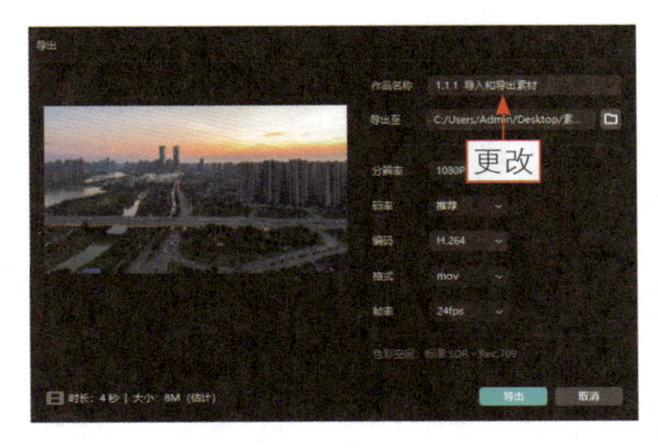

图 11-12　更改名称

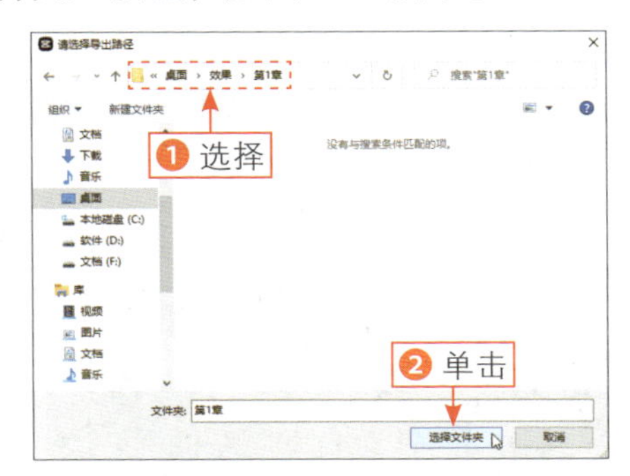

图 11-13　单击“选择文件夹”按钮

步骤 13 在“分辨率”下拉列表框中选择4K选项，如图11-14所示。

步骤 14 在“码率”下拉列表框中选择“更高”选项，如图11-15所示。

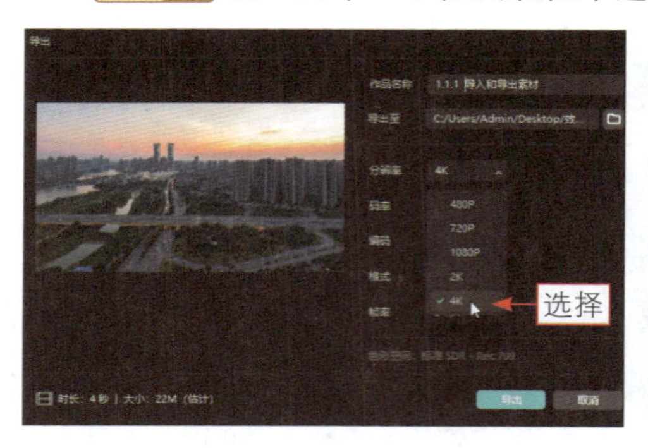

图 11-14 选择 4K 选项

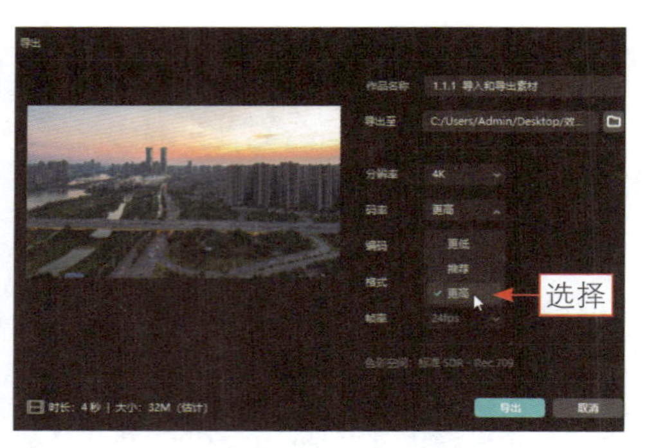

图 11-15 选择“更高”选项

步骤 15 在“编码”下拉列表框中选择HEVC选项，便于压缩，如图11-16所示。

步骤 16 在“格式”下拉列表框中选择mp4选项，便于在手机上观看视频，如图11-17所示。

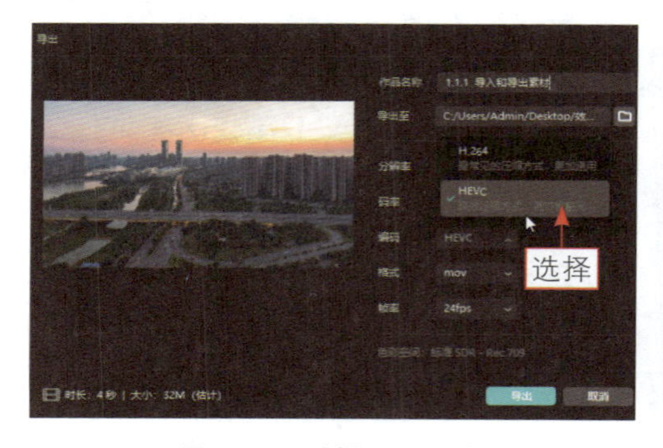

图 11-16 选择 HEVC 选项

图 11-17 选择 mp4 选项

步骤 17 ①在“帧率”下拉列表框中选择60fps选项；②单击“导出”按钮，如图11-18所示。

步骤 18 执行操作后，即可开始导出视频，并显示导出进度，如图11-19所示。

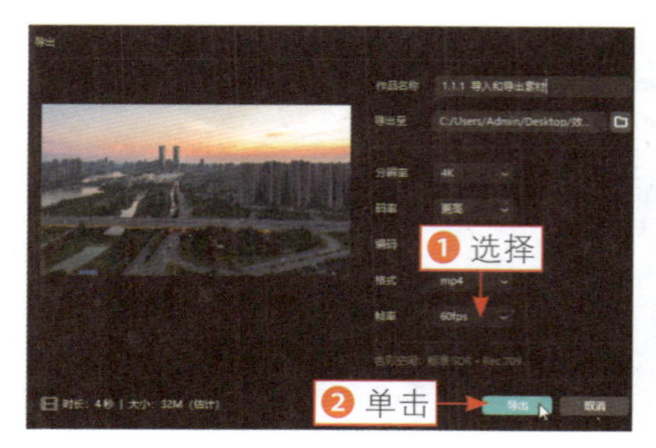

图 11-18 单击“导出”按钮

图 11-19 显示导出进度

步骤 19 导出完成后，用户可以单击“西瓜视频”按钮或“抖音”按钮快速发布视频。如果不需要发布视频，可以单击“关闭”按钮，完成视频的导出操作，如图11-20所示。

图 11-20　单击“关闭”按钮

缩放和变速素材

【效果展示】：在剪映中，用户可以根据需要缩放视频画面，突出视频的细节；也可以对素材进行变速处理，调整视频的播放速度，如图11-21所示。

扫码看案例效果

扫码看教学视频

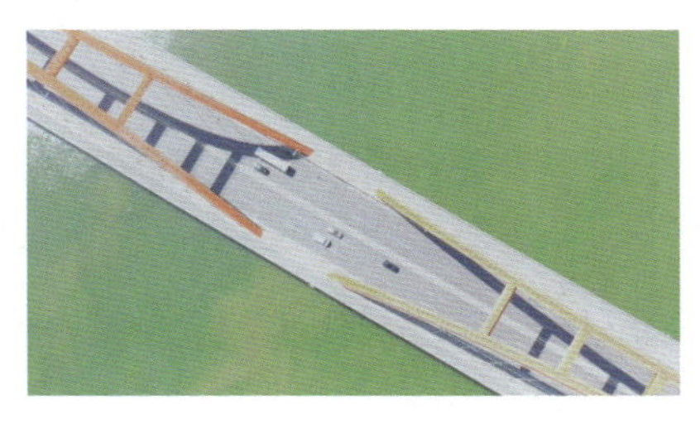

图 11-21　缩放和变速素材效果展示

下面介绍在剪映中缩放和变速素材的操作方法。

步骤 01 将素材导入视频轨道中，❶拖曳时间指示器至00:00:01:12的位置；❷单击“分割”按钮，如图11-22所示。

步骤 02 在操作区的“画面”选项卡中拖曳“缩放”滑块至数值为150%，对分割出来的第2段素材进行缩放处理，如图11-23所示。

步骤 03 在“播放器”面板中调整画面的位置，突出细节，如图11-24所示。

步骤 04 ❶切换至“变速”选项卡；❷拖曳“倍数”滑块至数值为3.0x，对分割出来的第2段素材进行变速处理，如图11-25所示。

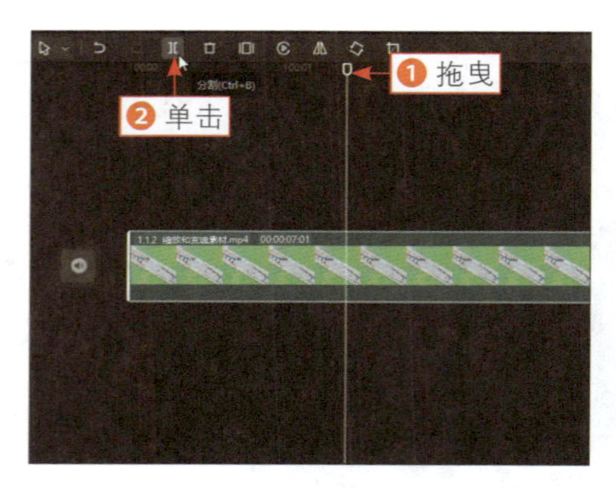

图 11-22　单击“分割”按钮

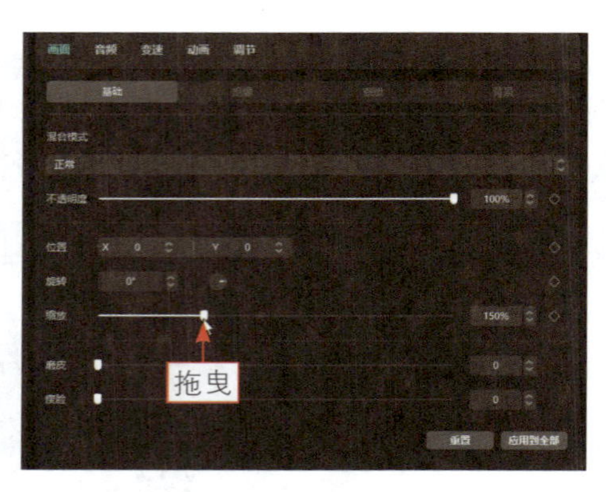

图 11-23　拖曳“缩放”滑块

图 11-24　调整画面位置

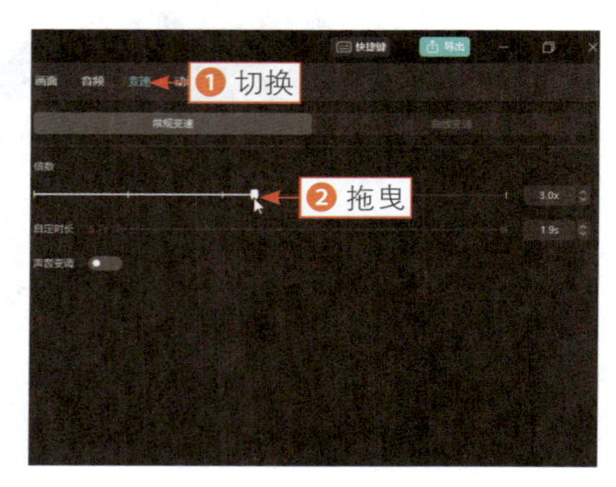

图 11-25　拖曳“倍数”滑块

步骤 05 执行操作后，在“播放器”面板下方查看素材的总播放时长，可以看出视频素材的总播放时长变短了，如图11-26所示。

图 11-26　查看视频素材总播放时长

定格和倒放素材

扫码看案例效果

扫码看教学视频

【效果展示】：在剪映中用户可以对视频进行定格处理，留下定格画面，还可以对视频进行倒放处理，让视频画面倒着播放，效果如图11-27所示。

图 11-27　定格和倒放素材效果展示

下面介绍在剪映中定格和倒放素材的操作方法。

步骤 01 在剪映中单击视频素材右下角的按钮，将素材导入视频轨道中，单击“定格”按钮，如图11-28所示。

步骤 02 向左拖曳定格素材右侧的白框，将素材时长设置为1s，如图11-29所示。

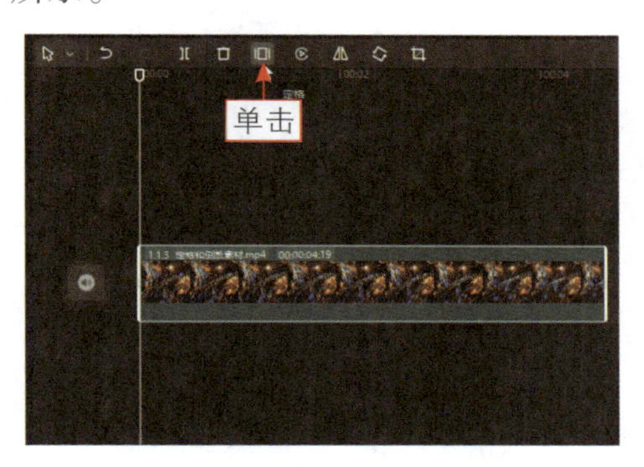

图 11-28　单击“定格”按钮

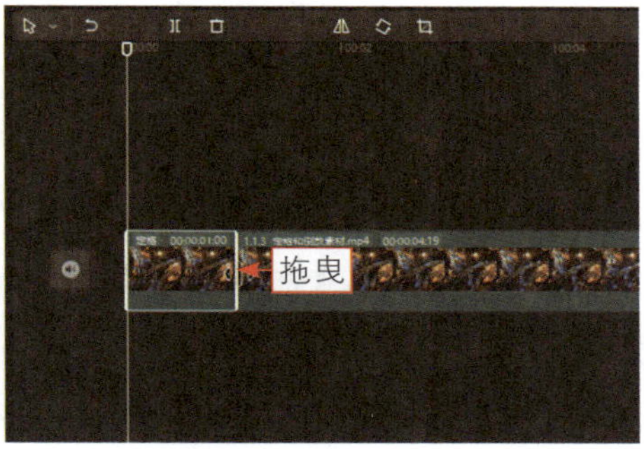

图 11-29　拖曳右侧的白框

步骤 03 ❶选择第2段素材；❷单击“倒放”按钮，如图11-30所示。

步骤 04 执行操作后，界面中会弹出片段倒放的进度对话框，如图11-31所示。

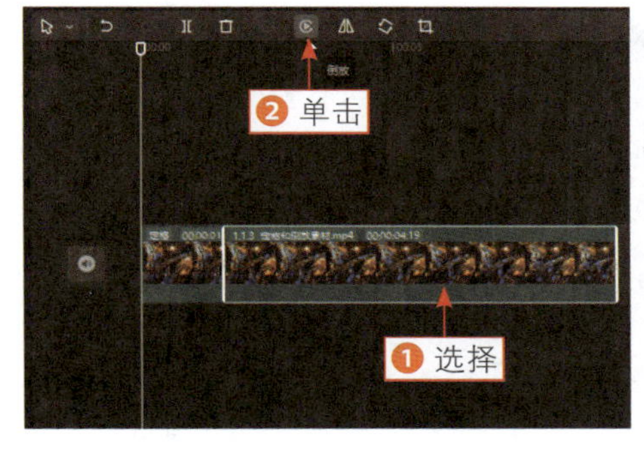

图 11-30　单击“倒放”按钮

图 11-31　弹出进度对话框

步骤 05 倒放完成后，在“播放器”面板中预览视频效果，如图11-32所示，可以看到视频中前进的车流在倒退行驶。

图 11-32　预览视频效果

旋转和裁剪素材

扫码看案例效果

扫码看教学视频

【效果展示】：如果拍摄视频所选的角度不够好，可以在剪映中利用旋转功能调整视频角度，还可以裁剪视频，截取想要的视频画面，也可以让竖版视频变成横版视频，效果如图11-33所示。

图 11-33　旋转和裁剪素材效果展示

下面介绍在剪映中旋转和裁剪素材的操作方法。

步骤 01 在剪映中单击视频素材右下角的按钮，将素材导入视频轨道中，连续两次单击“旋转”按钮，将视频画面旋转180°，如图11-34所示。

步骤 02 单击“裁剪”按钮，如图11-35所示。

步骤 03 弹出“裁剪”对话框，设置“裁剪比例”为16：9，如图11-36所示。

步骤 04 ❶拖曳比例框至合适的位置；❷单击“确定”按钮，如图11-37所示。

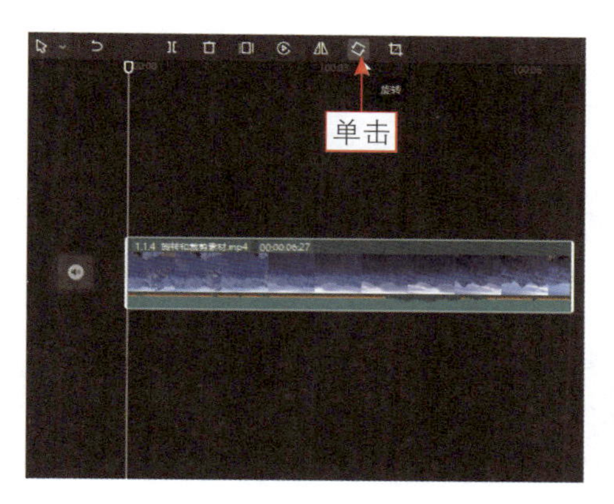

图 11-34　单击“旋转”按钮

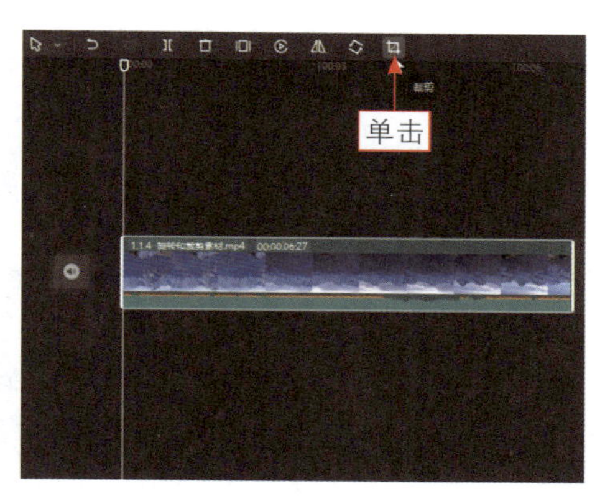

图 11-35　单击“裁剪”按钮

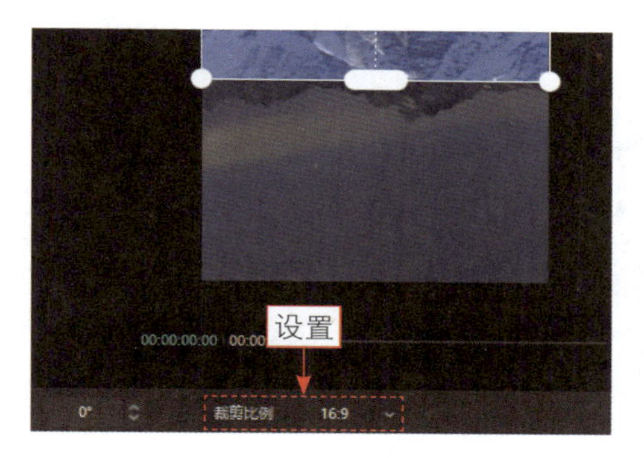

图 11-36　设置“裁剪比例”

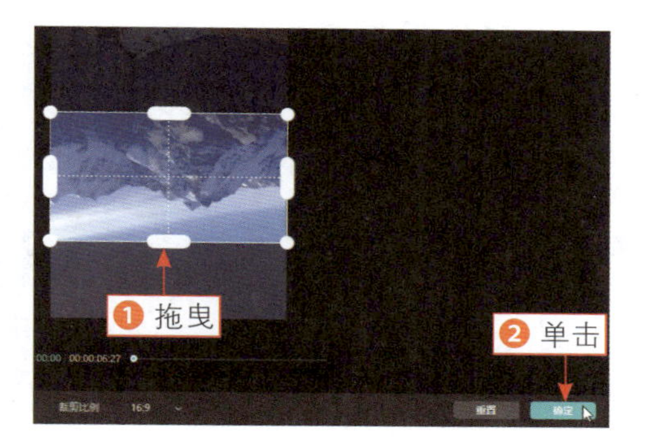

图 11-37　单击“确定”按钮

步骤 05 ❶在“播放器”面板中单击右下角的“原始”按钮；❷选择“16：9（西瓜视频）”选项，如图11-38所示。

步骤 06 执行操作后，在“播放器”面板中预览视频效果，如图11-39所示。

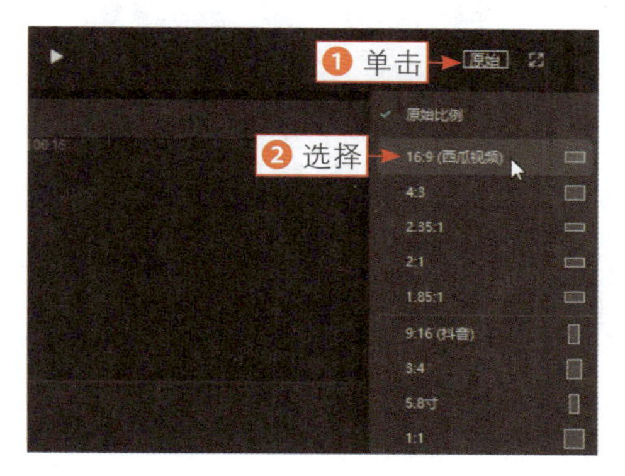

图 11-38　选择“16 ：9（西瓜视频）”选项

图 11-39　预览视频效果

098　素材的设置

如果用户对拍摄的视频效果不满意，可以根据需求对视频进行设置。本节介绍在剪映中设置视频防抖、视频比例和磨皮瘦脸效果的操作方法。

应用“视频防抖”功能

扫码看案例效果

扫码看教学视频

【效果展示】：如果拍视频时设备不稳定，视频画面可能因抖动而变得模糊，此时用户可以使用剪映的“视频防抖”功能，一键稳定视频画面，效果如图11-40所示

图 11-40　应用“视频防抖”功能的效果展示

下面介绍在剪映中应用“视频防抖”功能的操作方法。

步骤 01 单击视频素材右下角的按钮，将视频素材导入到视频轨道中，如图11-41所示。

步骤 02 在操作区中选中下方的“视频防抖”复选框，如图11-42所示。

图 11-41　单击相应的按钮

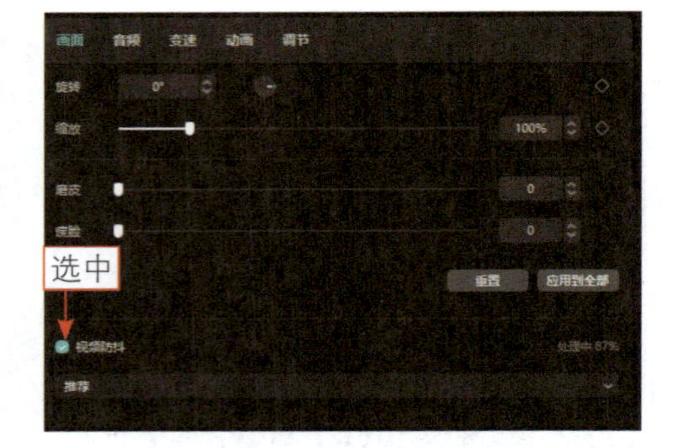

图 11-42　选中“视频防抖”复选框

步骤 03 在下方展开的面板中选中“最稳定”复选框，如图11-43所示。

步骤 04 处理完成后，在“播放器”面板中预览应用“视频防抖”功能的效果，如图11-44所示。

图 11-43　选择“最稳定”复选框

图 11-44　预览应用“视频防抖”功能的效果

设置视频比例

扫码看案例效果

扫码看教学视频

【效果展示】：剪映提供了多种画面比例供用户选择，用户可以用设置比例的方式改变视频画面显示比例，把横版视频变成竖版视频，效果如图11-45所示。

图 11-45　设置视频比例效果展示

下面介绍在剪映中设置视频比例的操作方法。

步骤 01 单击视频素材右下角的+按钮，如图11-46所示，将视频素材导入到视频轨道中。

步骤 02 在预览窗口中单击“原始”按钮，如图11-47所示。

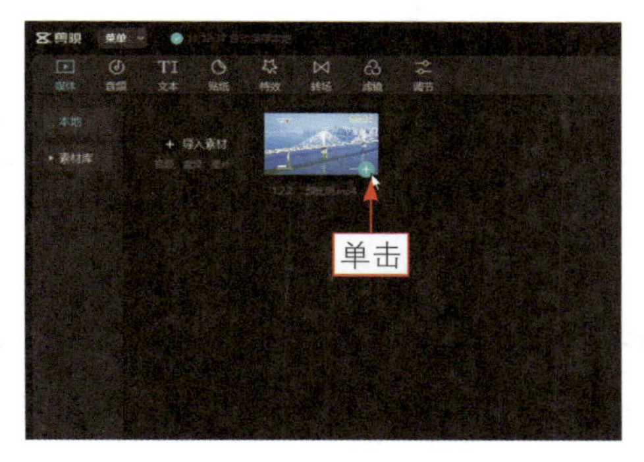

图 11-46　单击相应的按钮

图 11-47　单击“原始”按钮

步骤 03 执行操作后，在弹出的下拉列表框中选择“9:16（抖音）”选项，如图11-48所示。

步骤 04 在“播放器”面板中预览视频效果，如图11-49所示，可以看到视频的画面比例改变了，由横版视频变成了竖版视频。

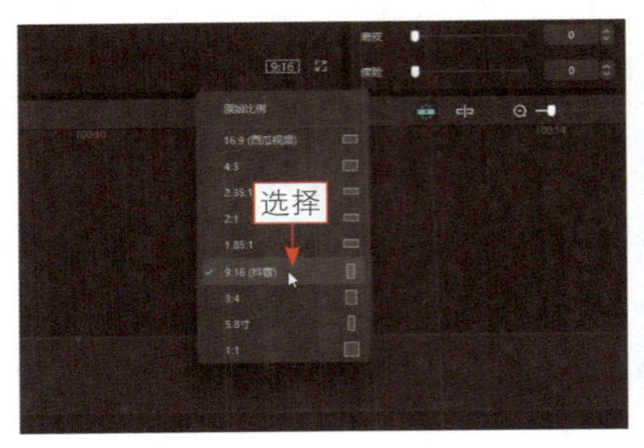

图 11-48　选择“9:16（抖音）”选项

图 11-49　预览视频效果

设置磨皮瘦脸效果

扫码看案例效果

扫码看教学视频

【效果展示】：在剪映中可以对视频中的人物进行磨皮和瘦脸操作，美化人物的脸部，效果如图11-50所示。

图 11-50　设置磨皮瘦脸效果展示

下面介绍在剪映中为人物磨皮瘦脸的操作方法。

步骤 01 单击视频素材右下角的+按钮，将视频素材导入到视频轨道中，如图11-51所示。

步骤 02 在操作区中拖曳“磨皮”滑块至数值为100，如图11-52所示。

步骤 03 拖曳“瘦脸”滑块至数值为100的位置，如图11-53所示。

步骤 04 ❶单击“特效”按钮，进入“特效”功能区；❷切换至“基础”选项卡；❸单击“变清晰”特效右下角的+按钮，如图11-54所示。

图 11-51　单击相应的按钮（1）

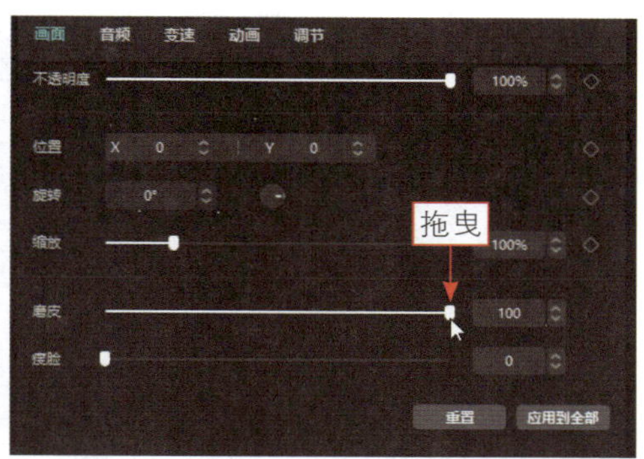

图 11-52　拖曳“磨皮”滑块

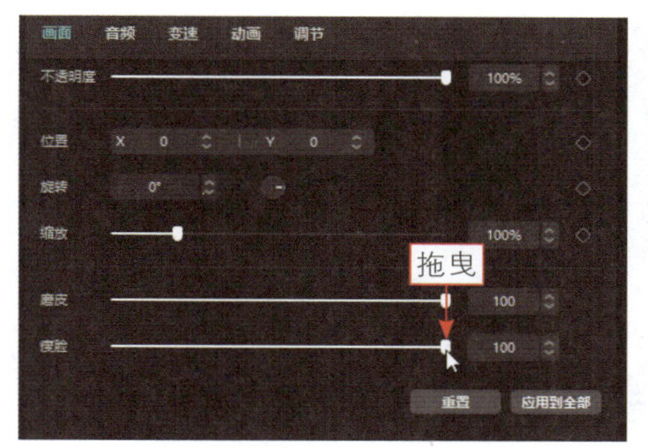

图 11-53　拖曳“瘦脸”滑块

图 11-54　单击相应的按钮（2）

步骤 05 拖曳特效右侧的边框，调整其时长，如图11-55所示。

步骤 06 用与上面相同的方法，再添加一个“氛围”选项卡中的“金粉”特效，并调整其位置和时长，如图11-56所示。

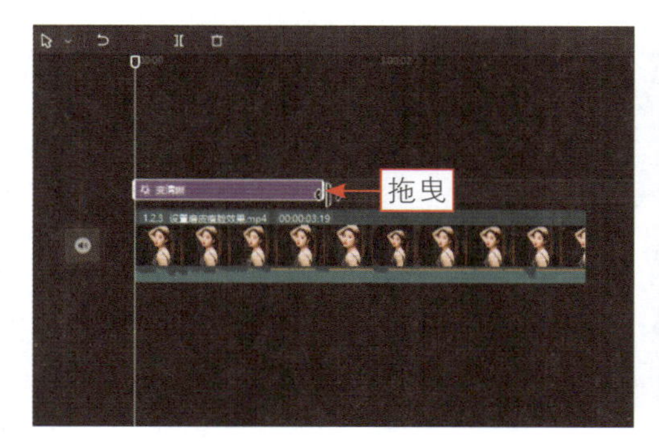

图 11-55　调整特效时长

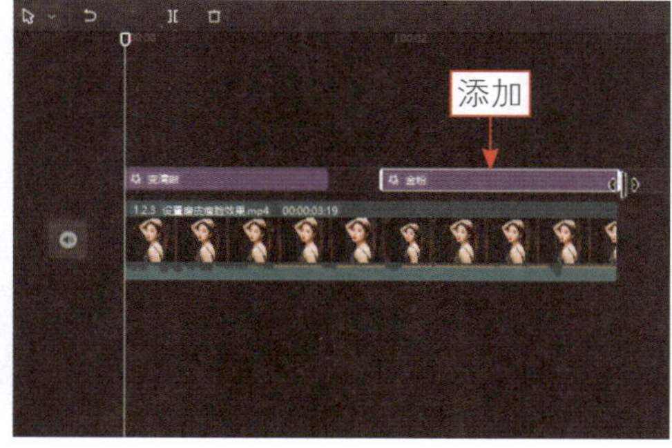

图 11-56　添加相应特效

步骤 07 在“播放器”面板中预览视频效果，如图11-57所示。

图 11-57　预览视频效果

第 12 章　电脑版剪映综合案例：《七十大寿》

本章要点：

电脑版剪映的界面大气、功能强大、布局灵活，为电脑端用户提供了更舒适的创作和剪辑条件。电脑版剪映不仅功能简单、好用，素材也非常丰富，而且上手难度低，能帮助用户轻松制作出艺术大片。本章主要介绍在电脑版剪映中制作综合案例《七十大寿》的操作方法。

扫码看视频效果

扫码看教学视频

099　《七十大寿》效果展示

【效果展示】：本案例主要用来展示制作寿宴短视频的各个流程。在视频中，亲朋好友欢聚一堂，共同庆祝老人的生日，效果如图12-1所示。

图 12-1　《七十大寿》效果展示

100　《七十大寿》制作流程

本节主要介绍电脑版剪映综合案例《七十大寿》的制作过程，包括素材时长的设置、视频转场的设置、特效和贴纸的添加、解说文字的制作、滤镜的添加和设置、背景音乐的添加、视频的导出设置等，帮助大家掌握短视频的全流程剪辑技巧。

素材时长的设置

在剪映中，用户可以设置素材的时长，并选取精彩的画面制作成视频。下面介绍在剪映中设置素材时长的操作方法。

步骤 01 在“媒体”功能区中的“本地”选项卡中，单击“导入”按钮，如图12-2所示。

步骤 02 弹出“请选择媒体资源”对话框，❶选择相应的视频素材；❷单击“打开”按钮，如图12-3所示。

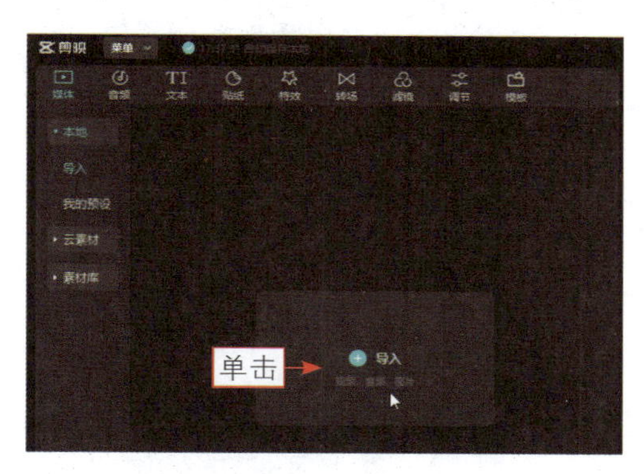

图 12-2　单击“导入”按钮

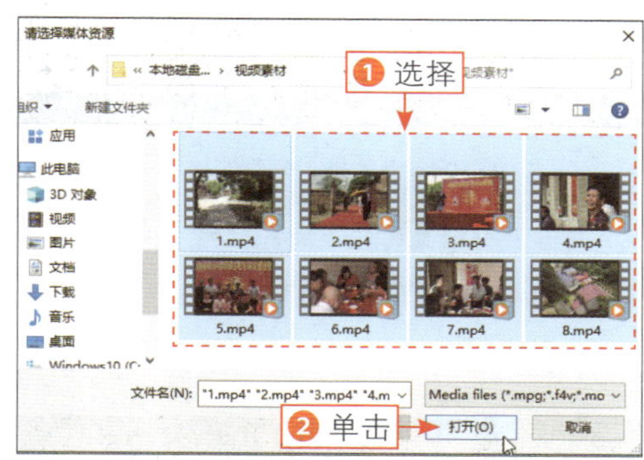

图 12-3　单击“打开”按钮

步骤 03 执行操作后，即可将所选视频素材导入“本地”选项卡中，如图12-4所示。

步骤 04 ❶全选“本地”选项卡中的视频素材；❷单击第1个视频素材右下角的“添加到轨道”按钮，如图12-5所示，将其导入到视频轨道中。

图 12-4　导入视频素材

图 12-5　单击相应的按钮

步骤 05 ❶ 拖曳时间轴至 00:00:14:00 的位置；❷ 单击“分割”按钮，如图 12-6 所示。

步骤 06 ❶ 选择分割出来的后半段视频素材；❷ 单击“删除”按钮，如图 12-7 所示，删除不需要的视频片段。

图 12-6　单击“分割”按钮

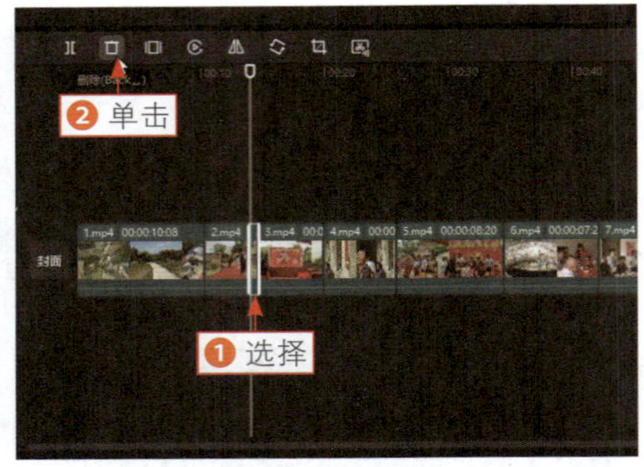

图 12-7　单击“删除”按钮

步骤 07 ❶选择第3段视频素材；❷按住右侧的白框并向左拖曳，调整第3段素材的时长，如图12-8所示。

步骤 08 使用相同的操作方法，调整其他素材的时长，如图12-9所示。

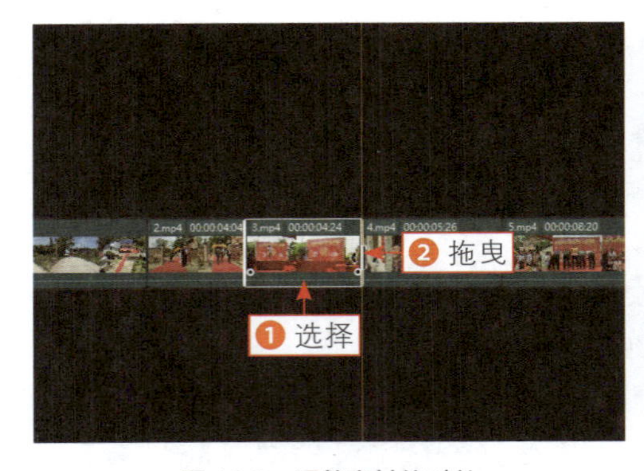

图 12-8　调整素材的时长

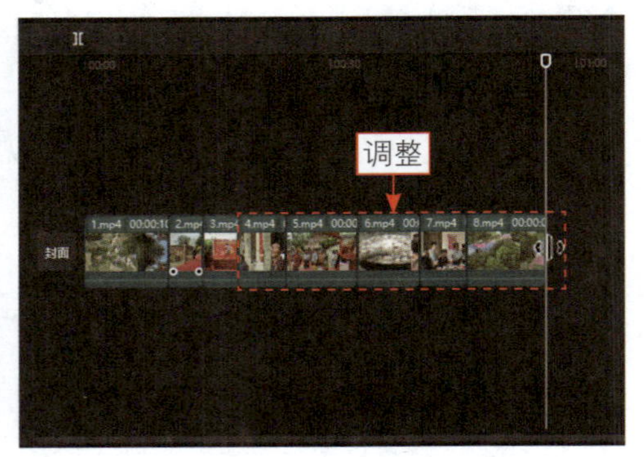

图 12-9　调整其他素材的时长

视频转场的设置

设置转场可以使不同素材之间的切换更自然，优化视频的视觉效果。下面介绍在剪映中设置视频转场的操作方法。

步骤 01 拖曳时间轴至第1段视频素材的结束位置，如图12-10所示。

步骤 02 ❶单击“转场”按钮；❷切换至“光效”选项卡，如图12-11所示。

步骤 03 单击“炫光Ⅱ”转场右下角的“添加到轨道”按钮，如图12-12所示，在第1段素材和第2段素材之间添加“炫光Ⅱ”转场效果。

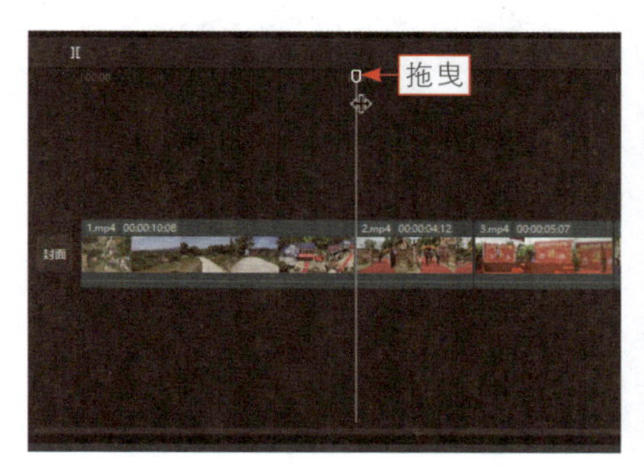

图 12-10　拖曳时间轴至相应的位置

图 12-11　切换至“光效”选项卡

步骤 04 使用相同的操作方法，在其他视频素材间添加转场，如图12-13所示。

图 12-12　单击“添加到轨道”按钮

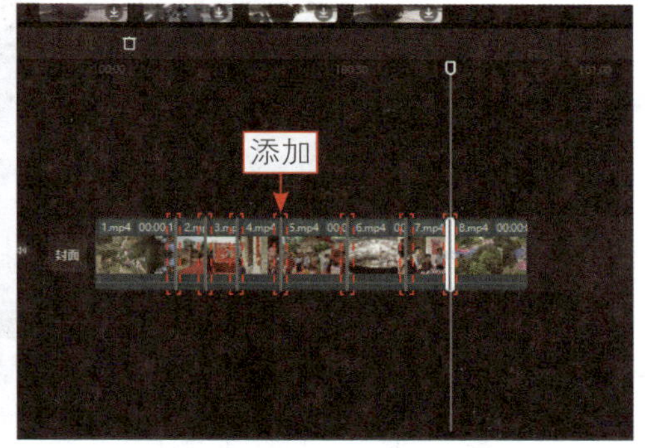

图 12-13　添加多个转场

特效和贴纸的添加

剪映拥有数量庞大、风格迥异的特效和贴纸素材，用户可以随意选择并进行组合搭配。下面介绍在剪映中添加特效和贴纸的操作方法。

步骤 01 拖曳时间轴至视频素材的起始位置，❶单击“特效”按钮；❷切换至“画面特效”选项卡中的“基础”选项区，如图12-14所示。

步骤 02 执行操作后，单击“渐显开幕”特效右下角的“添加到轨道”按钮，如图12-15所示。

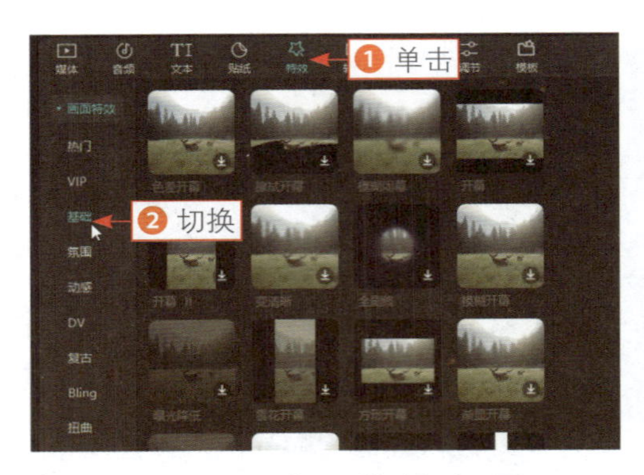

图 12-14　切换至“基础”选项区

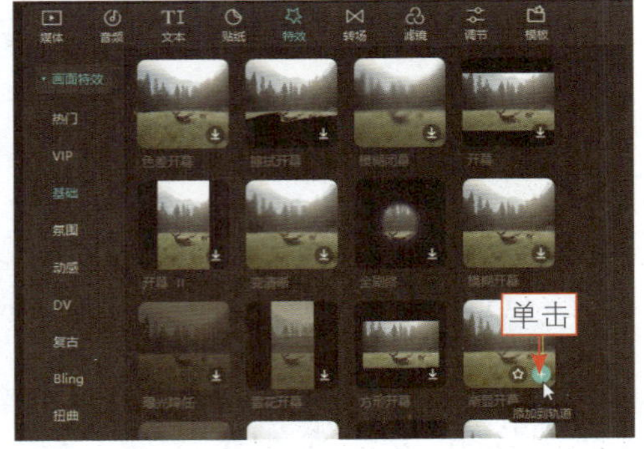

图 12-15　单击“添加到轨道”按钮（1）

步骤 03 拖曳“渐显开幕”特效右侧的边框，调整特效的持续时长，如图12-16所示。

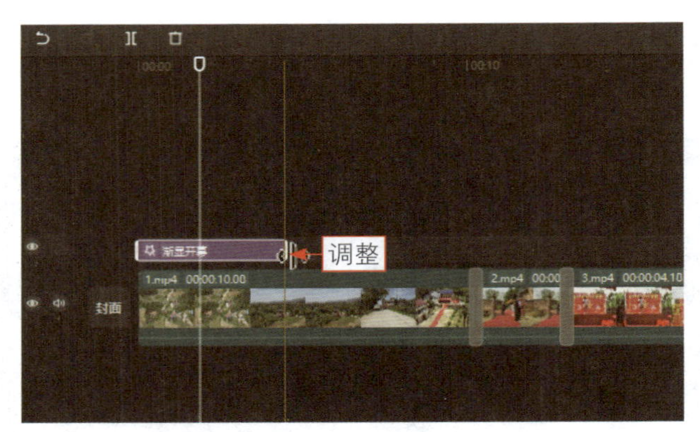

图 12-16　调整特效的持续时长（1）

步骤 04 拖曳时间轴至第4段素材的起始位置，如图12-17所示。

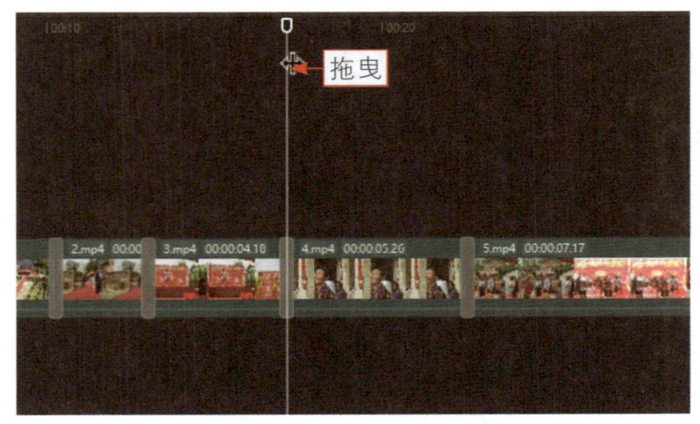

图 12-17　拖曳时间轴至相应的位置

步骤05 在“特效”功能区中，❶切换至“氛围”选项区；❷单击“节日彩带”特效右下角的“添加到轨道”按钮，如图12-18所示。

步骤06 拖曳特效右侧的白框，适当调整特效的持续时长，如图12-19所示。

图 12-18　单击“添加到轨道”按钮（2）

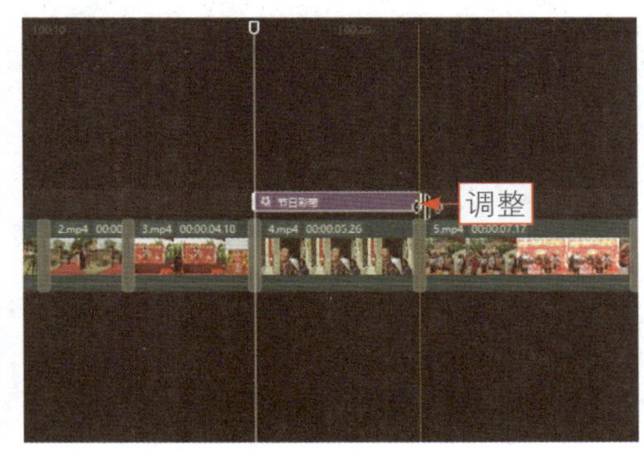

图 12-19　调整特效的持续时长（2）

步骤07 拖曳时间轴至00:00:48:00的位置，如图12-20所示。

步骤08 在“特效”功能区中，❶切换至“基础”选项区；❷单击“闭幕”特效右下角的“添加到轨道”按钮，如图12-21所示。

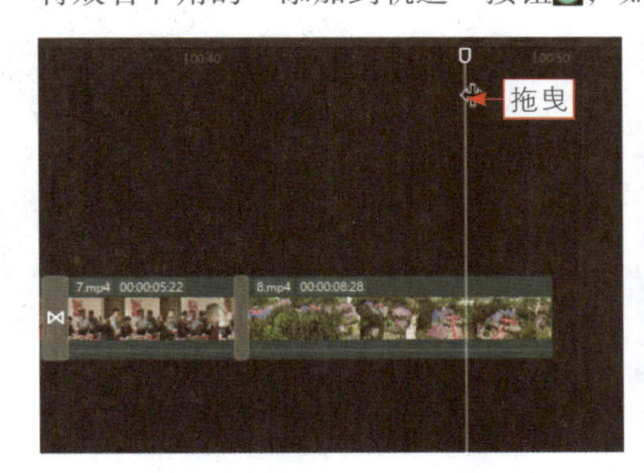

图 12-20　拖曳时间轴至相应的位置

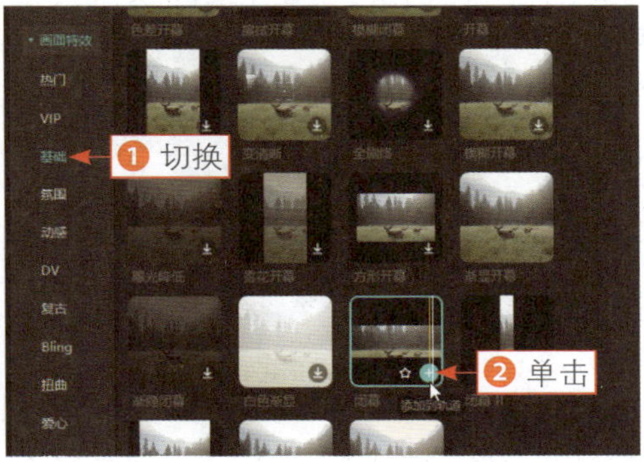

图 12-21　单击“添加到轨道”按钮（3）

步骤09 调整特效的持续时长，使其与视频素材的结束位置对齐，如图12-22所示。

步骤10 拖曳时间轴至视频的起始位置，单击“贴纸”按钮，如图 12-23 所示。

步骤11 ❶切换至“炸开”选项卡；❷单击相应烟花贴纸右下角的“添加到轨道”按钮，如图12-24所示。

步骤12 使用相同的操作方法，再添加3个烟花贴纸，如图12-25所示。

步骤13 适当调整4个贴纸的持续时长，如图12-26所示。

步骤 14 在“播放器”窗口中调整贴纸的大小和位置，如图12-27所示。

图 12-22　调整特效的持续时长（3）

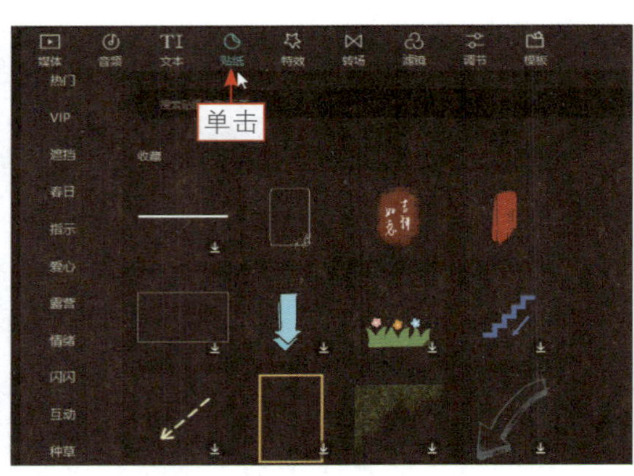

图 12-23　单击“贴纸”按钮

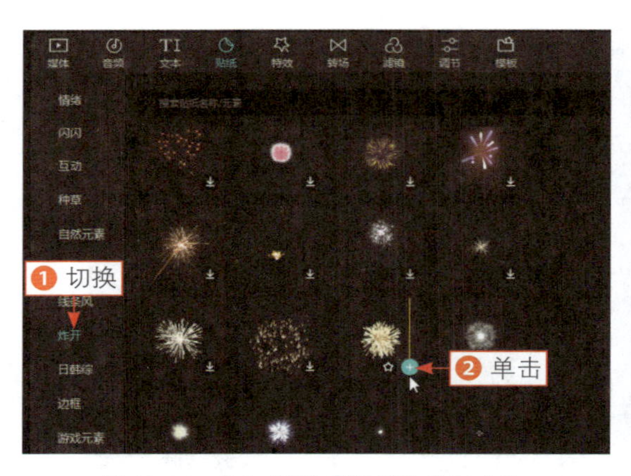

图 12-24　单击“添加到轨道”按钮（4）

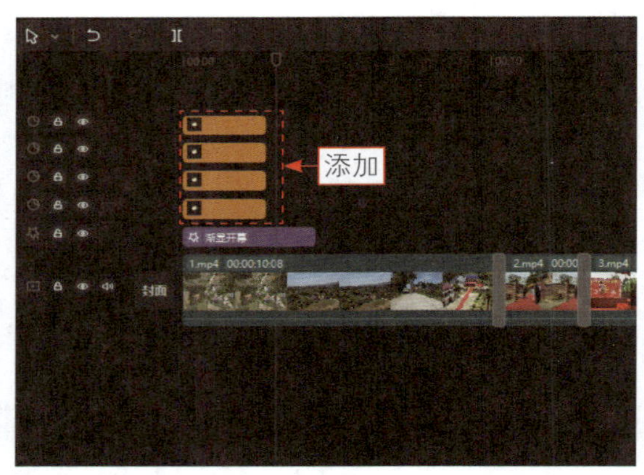

图 12-25　添加贴纸

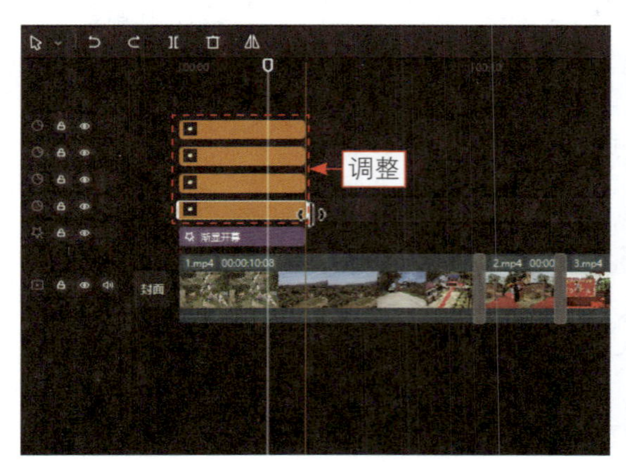

图 12-26　调整贴纸的持续时长

图 12-27　调整贴纸的大小和位置

解说文字的制作

为视频添加相应的解说文字，可以帮助观众了解视频的内容和主题，为文字设置动画效果则可以增加视频的趣味性。下面介绍在剪映中制作解说文字的操作方法。

步骤 01 拖曳时间轴至00:00:01:00的位置，如图12-28所示。

步骤 02 执行操作后，❶单击“文本”按钮；❷在“新建文本”选项卡中单击“默认文本”右下角的“添加到轨道”按钮，如图12-29所示。

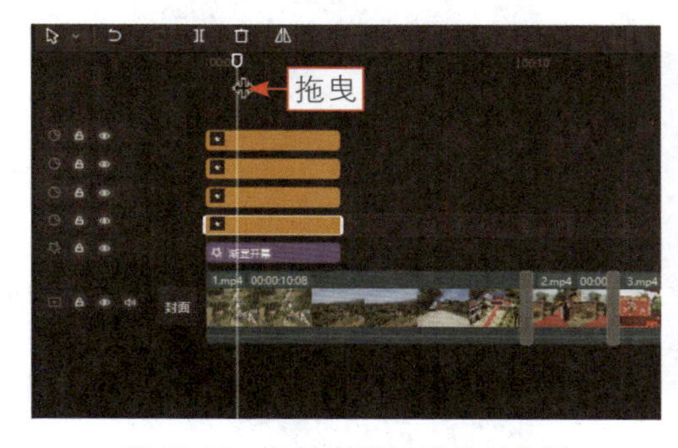

图 12-28　拖曳时间轴至相应的位置

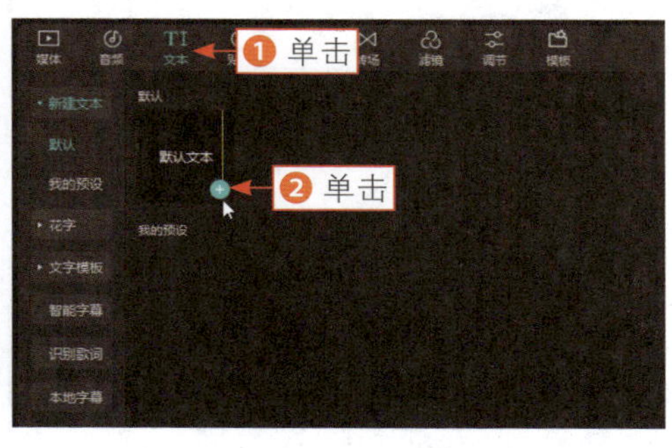

图 12-29　单击“添加到轨道”按钮

步骤 03 ❶输入相应的文字内容；❷选择合适的字体，如图12-30所示。

步骤 04 ❶切换至“花字”选项卡；❷选择合适的花字样式，如图12-31所示。

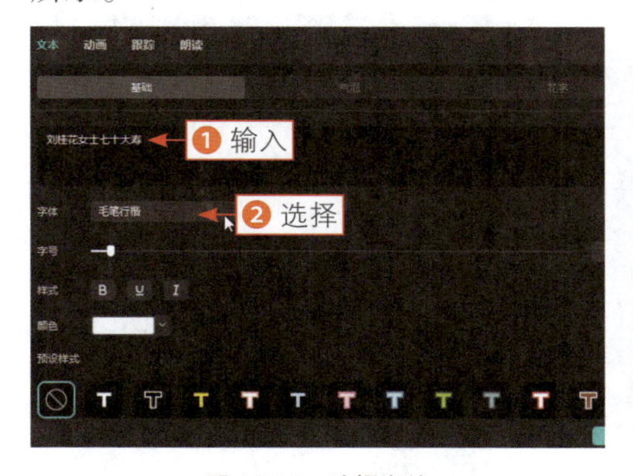

图 12-30　选择字体

图 12-31　选择花字样式

步骤 05 执行操作后，向右拖曳文本右侧的白框，适当调整文本的显示时长，如图12-32所示。

步骤 06 在“播放器”窗口中调整文字的大小和位置，如图12-33所示。

步骤 07 执行操作后，切换至“动画”操作区，如图12-34所示。

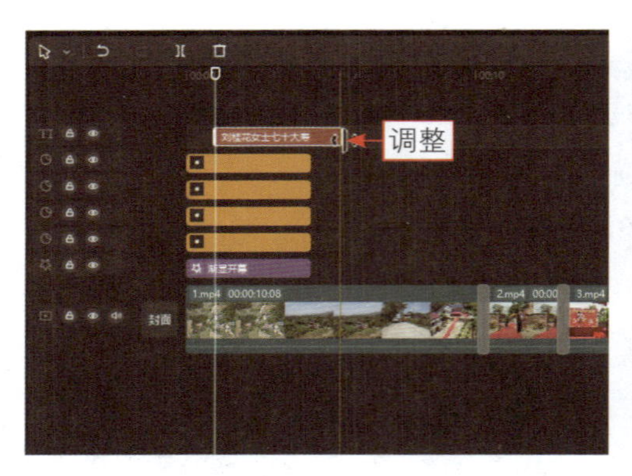

图 12-32　调整文本的显示时长

图 12-33　调整文字的大小与位置

步骤 08 ❶选择“入场”选项卡中的“打字机Ⅱ”动画；❷拖曳滑块设置“动画时长”参数为1.0s，如图12-35所示。

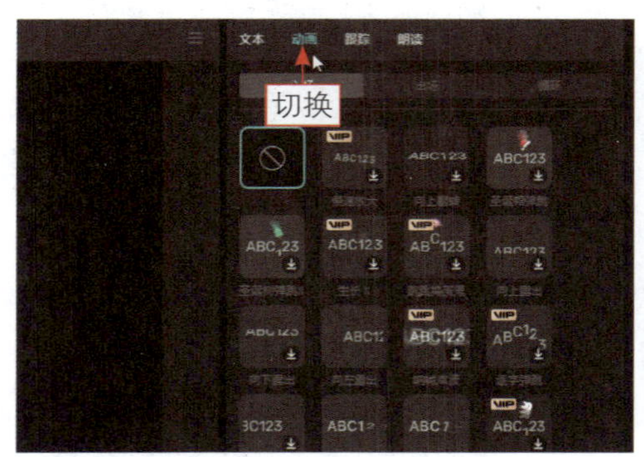

图 12-34　切换至“动画”操作区

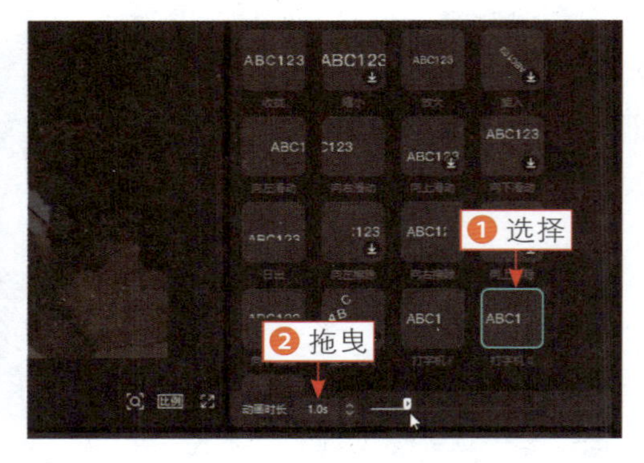

图 12-35　设置“动画时长”参数

步骤 09 ❶切换至“出场”选项卡；❷选择“闭幕”动画，如图12-36所示，设置“动画时长”参数为0.7s。

步骤 10 使用相同的操作方法，在视频的合适位置添加文字，如图 12-37 所示。

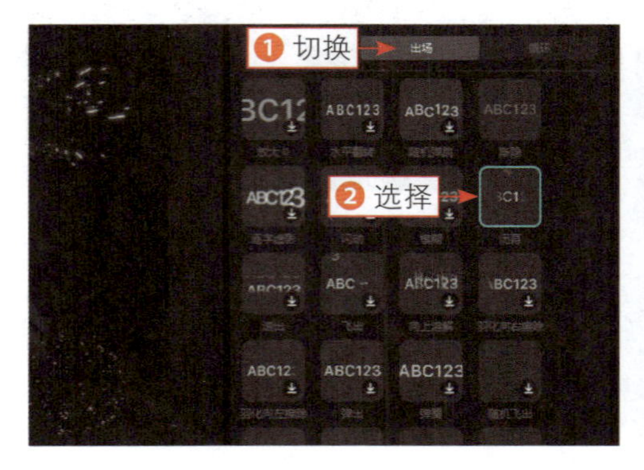

图 12-36　选择“闭幕”动画

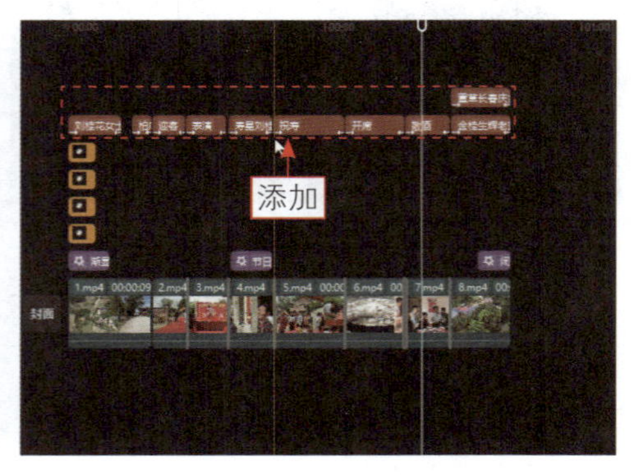

图 12-37　添加相应的文字

滤镜的添加和设置

要调节视频的画面色彩，可以为视频添加滤镜并设置滤镜强度，也可以为视频添加调节效果并设置调节参数，还可以两个方法一起使用。下面介绍在剪映中添加和设置滤镜的操作方法。

步骤 01 拖曳时间轴至视频素材的起始位置，单击“滤镜”按钮，如图 12-38 所示。

步骤 02 ❶切换至“风景”选项卡；❷单击“绿妍”滤镜右下角的“添加到轨道”按钮，如图12-39所示。

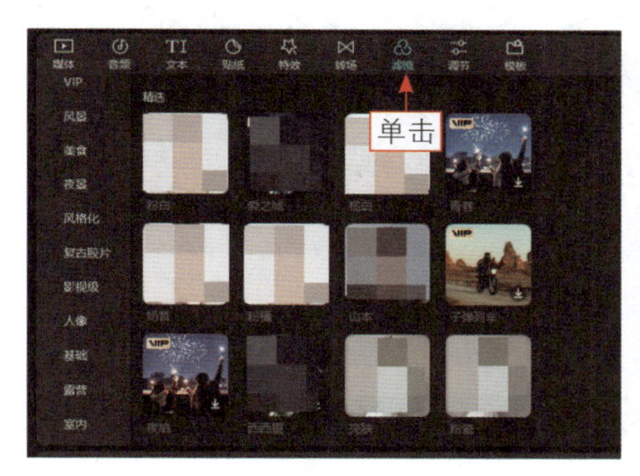

图 12-38　单击“滤镜”按钮

图 12-39　单击“添加到轨道”按钮

步骤 03 在“滤镜”操作区中，设置滤镜“强度”参数为80，如图12-40所示。

步骤 04 向右拖曳滤镜效果右侧的白框，调整其持续时长，使其结束位置与第1段视频素材的结束位置对齐，如图12-41所示。

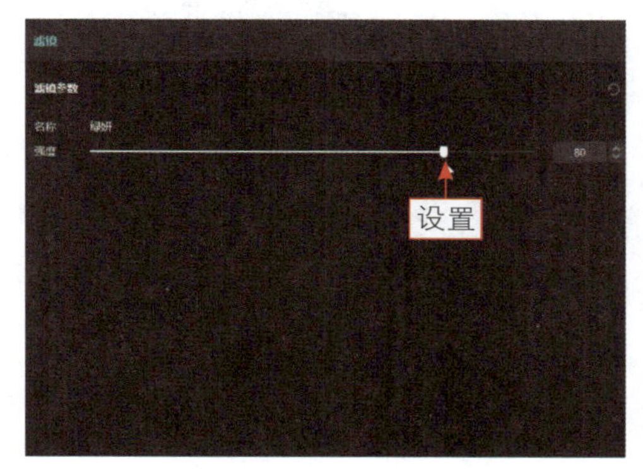

图 12-40　设置“强度”参数

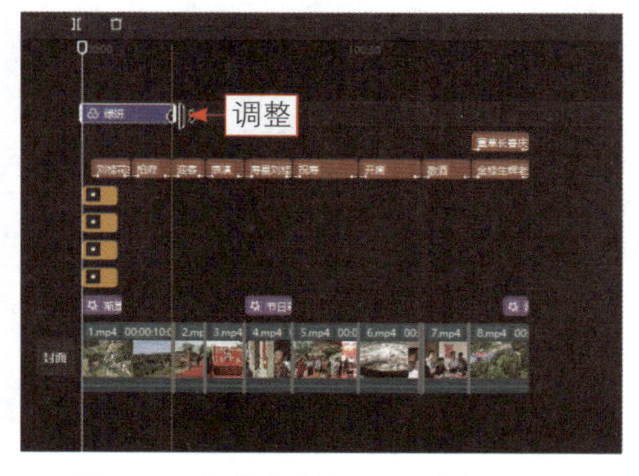

图 12-41　调整滤镜效果的持续时长（1）

步骤 05 在“滤镜”功能区中，❶切换至“人像”选项卡；❷单击“自然”滤镜右下角的“添加到轨道”按钮，如图12-42所示。

步骤 06 调整滤镜效果的持续时长，使其与视频素材的结束位置对齐，如图12-43所示。

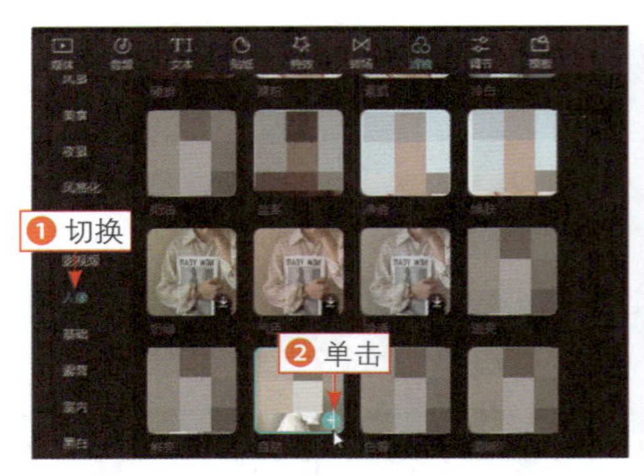

图 12-42　单击相应的按钮

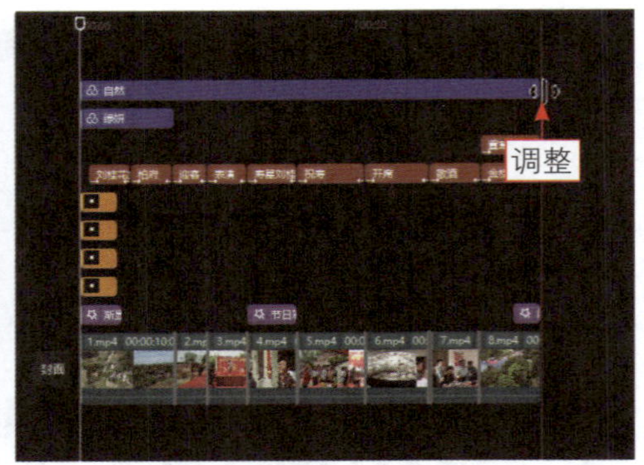

图 12-43　调整滤镜效果的持续时长（2）

背景音乐的添加

添加合适的背景音乐可以帮助视频更好地抒发情感，下面介绍在剪映中为视频添加背景音乐的操作方法。

步骤 01 拖曳时间轴至视频素材的起始位置，如图12-44所示。

步骤 02 ❶单击“音频”按钮；❷单击“音频提取”按钮，如图 12-45 所示。

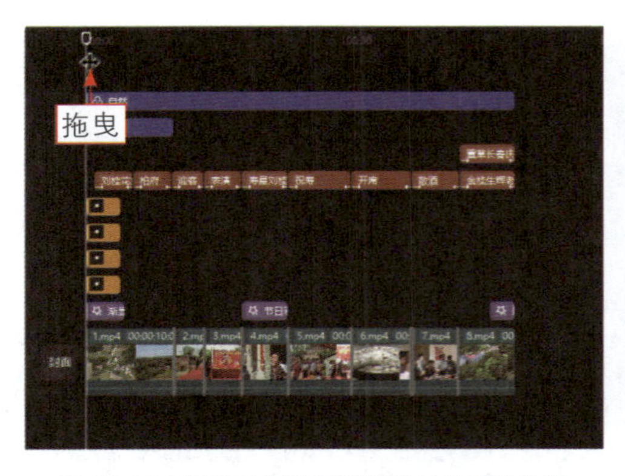

图 12-44　拖曳时间轴至视频素材的起始位置

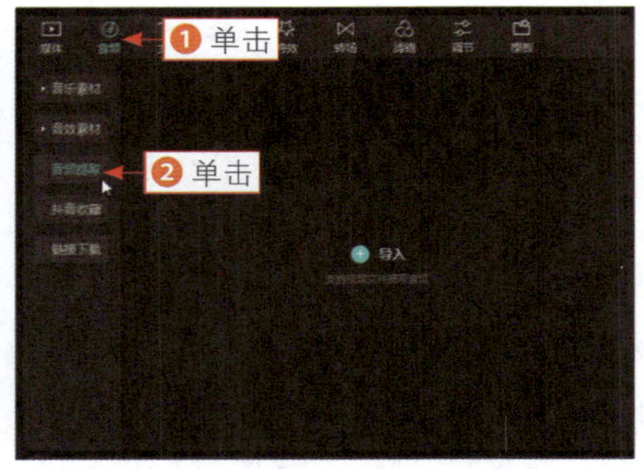

图 12-45　单击“音频提取”按钮

步骤 03 单击“导入”按钮，如图 12-46 所示，弹出“请选择媒体资源”对话框。

步骤 04 ❶选择相应的视频素材；❷单击“打开”按钮，如图12-47所示。

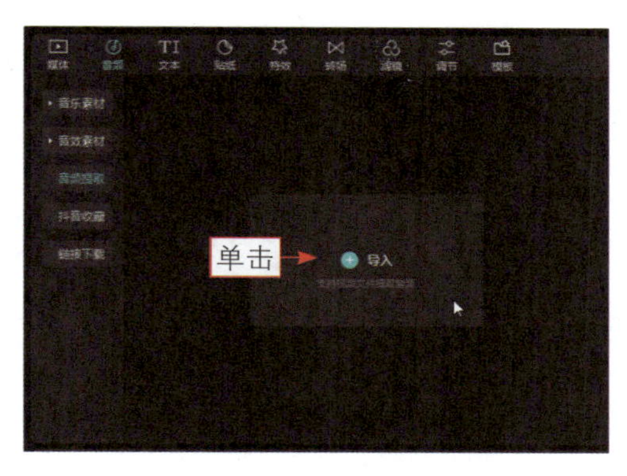

图 12-46　单击“导入”按钮

图 12-47　单击“打开”按钮

步骤 05 执行操作后，即可提取相应视频中的音频，单击音频右下角的“添加到轨道”按钮，如图12-48所示。

步骤 06 调整音频素材的时长，使其与视频素材的结束位置对齐，如图 12-49 所示。

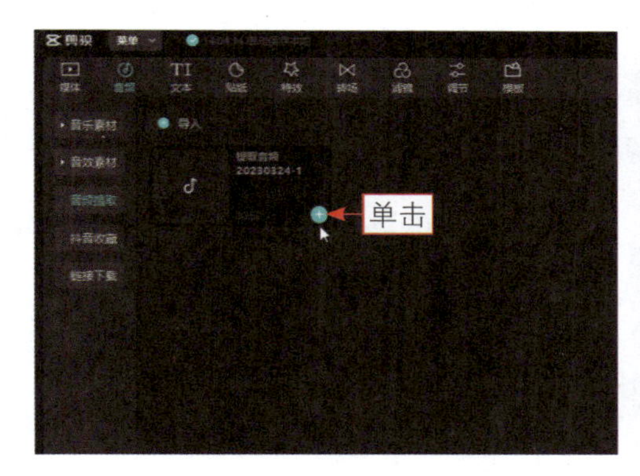

图 12-48　单击“添加到轨道”按钮

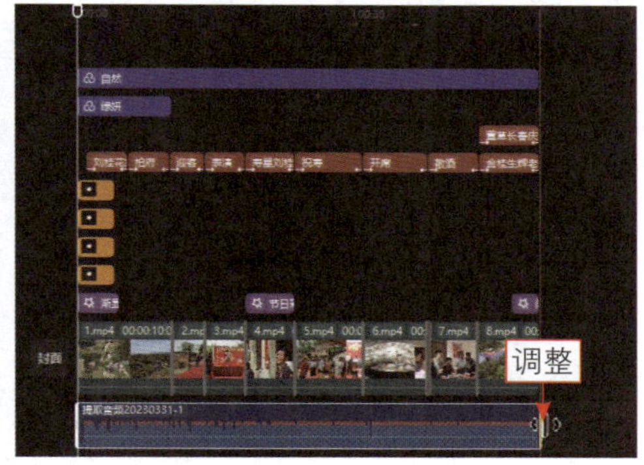

图 12-49　调整音频素材的时长

视频的导出设置

最后一步是导出视频，用户可以设置分辨率等参数，提升视频的品质。下面介绍在剪映中导出视频的操作方法。

步骤 01 单击界面右上角的“导出”按钮，如图12-50所示。

步骤 02 弹出“导出”对话框，修改作品的名称，如图12-51所示。

步骤 03 单击“导出至”右侧的按钮，如图12-52所示。

步骤 04 弹出“请选择导出路径”对话框，❶设置相应的保存路径；❷单击“选择文件夹”按钮，如图12-53所示。

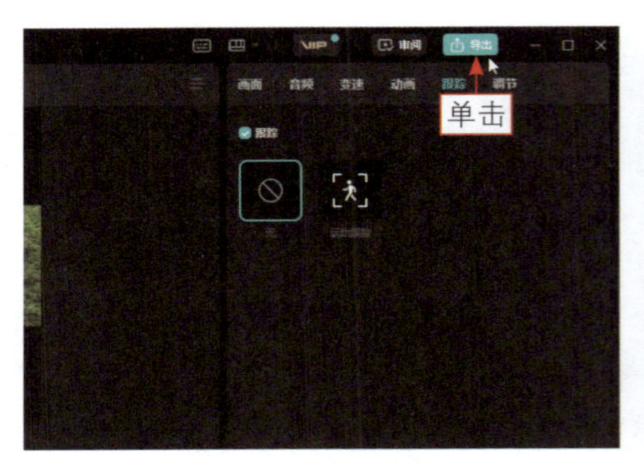

图 12-50　单击“导出”按钮（1）

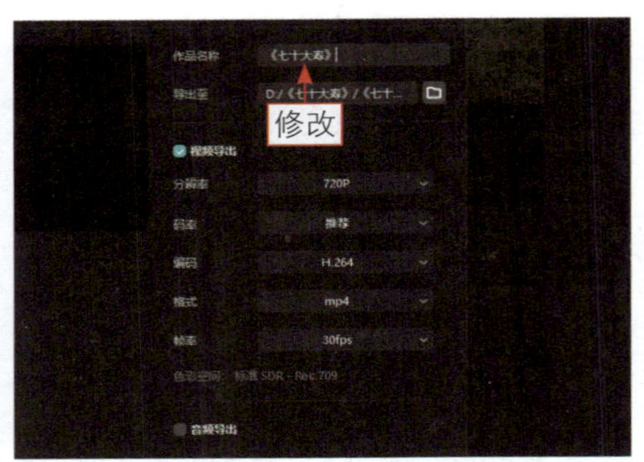

图 12-51　修改作品名称

图 12-52　单击相应的按钮

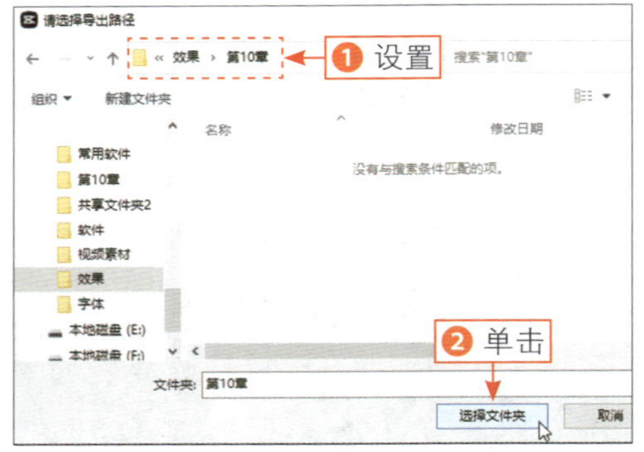

图 12-53　单击“选择文件夹”按钮

步骤05 返回“导出”对话框，在“分辨率”下拉列表中选择“1080P”选项，如图12-54所示，提高视频的分辨率和清晰度。

步骤06 单击“导出”按钮，如图12-55所示，即可导出制作好的视频。

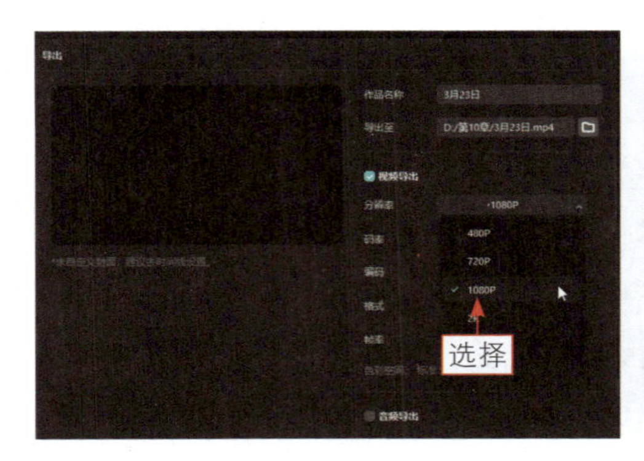

图 12-54　选择 1080P 选项

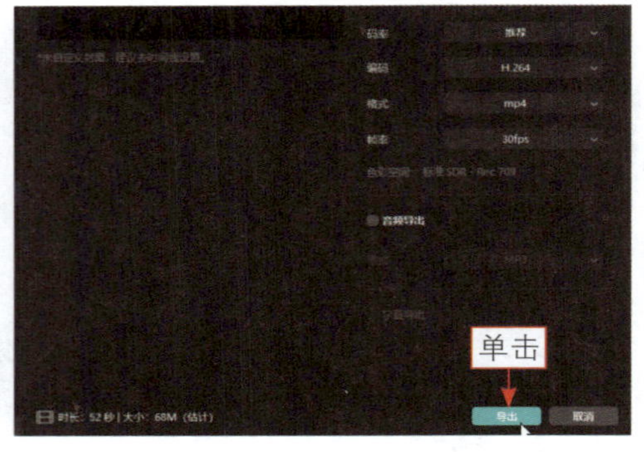

图 12-55　单击“导出”按钮（2）